大学生网络素养教育机制研究

武峥 著

吉林大学出版社

·长春·

图书在版编目（CIP）数据

大学生网络素养教育机制研究 / 武峥著 . —— 长春：
吉林大学出版社 , 2023.10
ISBN 978-7-5768-2272-4

Ⅰ . ①大… Ⅱ . ①武… Ⅲ . ①大学生 – 计算机网络 –
素质教育 – 研究 Ⅳ . ① TP393

中国国家版本馆 CIP 数据核字 (2023) 第 199185 号

书　　名　大学生网络素养教育机制研究
　　　　　DAXUESHENG WANGLUO SUYANG JIAOYU JIZHI YANJIU

作　　者　武　峥
策划编辑　矫　正
责任编辑　矫　正
责任校对　田茂生
装帧设计　久利图文
出版发行　吉林大学出版社
社　　址　长春市人民大街 4059 号
邮政编码　130021
发行电话　0431-89580028/29/21
网　　址　http://www.jlup.com.cn
电子邮箱　jldxcbs@sina.com
印　　刷　天津鑫恒彩印刷有限公司
开　　本　787mm×1092mm　　　　　1/16
印　　张　13.25
字　　数　200 千字
版　　次　2023 年 10 月　　　　第 1 版
印　　次　2023 年 10 月　　　　第 1 次
书　　号　ISBN 978-7-5768-2272-4
定　　价　68.00 元

前　言

　　互联网的高速发展给人类社会生产生活方式带来了巨大变化，也给教育事业的发展提出了新的要求。我国做为网络大国，十分重视网络信息事业的发展，也高度重视高层次网络人才的培养。党的十八大以来，习近平总书记十分关心我国网信事业的发展，并先后作出系列重要指示，提出网络强国建设一系列新理念、新思想、新战略，为新时代我国互联网发展和网络人才培养提供了根本遵循。建设社会主义现代化网络强国，离不开高层次的网络人才支撑，更要依托一批又一批高素质的网络公民。

　　随着互联网的普及和高校教育信息化的深入，互联网是当代大学生捕捉信息、获取知识、参与社会、认识世界的重要渠道，在大学生成长成才的过程中，网络环境起着举足轻重的作用。"上网"已成为大学生现代化生存的一种必备工具。由于大学生的是非能力、自控能力和信息甄别能力相对较弱，如果缺乏必要的引导和教育，就难以抵抗来自网络不良信息的诱惑。如何帮助大学生更好地避免网络的负面影响，更好地利用其正面影响，已成为网络时代大学生思想政治教育的现实课题。在思想政治教育的背景下分析和研究大学生网络素养教育问题，既关系到网络强国战略的实施，也关系到我国高等教育人才培养的质量问题。

　　本书采用文献研究法、问卷调查研究法、比较研究法及多学科整合研究等方法，旨在对当代大学生网络素养教育进行理论分析和实证研究。本书的基本思路是，首先从大学生网络素养教育相关概述和理论依据着手展开论述，为大学生网络素养教育相关问题的探讨和研究奠定理论基础；进而明确大学生网络素养教育的目标，探讨大学生网络素养教育的重要意义；在此基础上，结合调查数据对当代大学生网络素养存在的问题和影响因素进行分析；然后根据大学生网络素养教育的目标对大学生网络素养教育的基本内容体系进行理论建构；在准确把握教育原则和树立正确教育理念的基础上，创新大学生网络素养教育方法，为大学生网络素养教育对策的提出和实施提供指导；最后对当代大学生网络素养教育机制的建设进行对策探讨，有效地优化其教育体系。

本书通过研究得出如下结论：在网络迅猛发展的今天，大学生网络素养教育理应得到全社会的高度重视，营造一个健康良好的育人环境。目前大学生网络素养教育的主要任务就是积极推动高校网络素养教育环境的形成。大学生网络素养教育，不仅要强调对大学生进行网络思维方式、网络信息批判的反应模式、网络价值观念和网络行为规范及利用网络发展自我的能力的培育；还要突出道德素养等方面的教育，突出思想政治教育的主导作用；更要通过网络或其他新媒介对大学生进行人文素养教育，并随时代的发展和大学生成长成才的需要，不断丰富和拓展教育内容。这不仅有助于大学生综合素质的提高，也关系到我国民主化、现代化进程以及和谐社会的建设。其根本目标是不断提高大学生的网络综合素养，使大学生在多元的网络时代，在网络面前变被动为主动，能够合理地利用网络完善自我，参与社会的进步与发展。

尽管本书为推进大学生网络素养教育发展提供了一些新的内容，但是由于笔者能力有限，本书尚存在许多不足，在以后的工作中，笔者将持续关注大学生网络素养教育研究的相关问题，并对其进行深化研究。

武峥

2021 年 12 月

目　　录

第一章 大学生网络素养教育概述及理论依据

在网络技术迅猛发展的今天，网络正成为一种全球性的力量，对人类的生产生活产生着重要影响，它改变着我们的思维方式、生存方式和组织方式，甚至不断地影响我们生活的未来。据 2023 年 3 月 2 日中国互联网络信息中心（CNNIC）发布的第 51 次《中国互联网络发展状况统计报告》（以下简称《报告》）显示，截至 2022 年 12 月末，我国网民规模已达 10.67 亿人，较 2021 年 12 月增长了 3 549 万人，互联网普及率 75.6%。《报告》显示，在网络基础资源方面，截至 2022 年 12 月，我国域名总数达 3 440 万个，IPv6 地址数量达 67 369 块 / 32，较 2021 年 12 月增长 6.8%；我国 IPv6 活跃用户数达 7.28 亿户。在信息通信业方面，截至 12 月，我国 5G 基站总数达 231 万个，占移动基站总数的 21.3%，较 2021 年 12 月提高 7 个百分点。在物联网发展方面，截至 12 月，我国移动网络的终端连接总数已达 35.28 亿户，移动物联网连接数达到 18.45 亿户，万物互联基础不断夯实。① 这些数据说明我国的网民规模在不断壮大。网络对人们的影响也愈来愈大，可以说网络生活已经成为人们日常生活中不可或缺的一部分。大学生思维活跃、崇尚自由、追求新鲜感、乐于接受新事物。因此，大学生网络素养的高低，不仅影响着大学生健康成长，也影响着高校思想政治教育的效果。众多的实证调查表明，当前我国大学生的网络素养水平整体偏低，尚处于自发的状态，因此，高校要全面开展大学生网络素养教育，帮助大学生树立正确的网络观，使其正确和有效地使用网络；帮助大学生提高网络素养，使大学生成长为有责任感、素养高的新一代文明网民。因此对大学生网络素养教育进行研究具有重要的理论意义和实践价值。本章从大学生网络素

---

① CNNIC 发布第 51 次《中国互联网络发展状况统计报告》——首页子栏目 [EB/OL].https://www.cnnic.net.cn/n4/2023/0302/c199-10755. html.

养教育相关概述和理论依据着手展开论述，为大学生网络素养教育相关问题的探讨和研究奠定理论基础。

一、大学生网络素养教育相关概述

（一）相关概念厘清及内涵阐释

1. 网络

"网络"一词，《现代汉语词典（第7版）》解释道，"一是网状的东西；二是由若干元器件或设备等连接成的网状的系统；三是比喻由许多相互交错的分支组成的系统；四是特指计算机网络"[①]。网络（Internet）始于1969年的阿帕网（ARPA net），阿帕网是美国国防部高级研究计划署开发用于军事目的，但其本质上是为人类交流服务的。1995年国际联合网络委员会将其定义为全球性的信息系统。随着信息技术的发展，当今我们常说的网络通常是指互联网。互联网普及的同时也对大学生的相关能力提出了更高的要求，而掌握计算机和网络的基础知识并遵守相关规定成了大学生的基本要求，否则就会产生一系列的问题，如网络失德、网络犯罪、个人信息泄露等。网络本身没有善恶、美丑的区分，所谓的双刃剑从其本质上来说是网下操作的人的问题。

2. 素养

素养，英文单词是"literacy"，它的含义包括广义和狭义两个方面，狭义的素养是指读和写的能力，广义的素养包含了一个人接受教育的程度和一般的技能。《现代汉语规范词典》是这样解析"素养"的："素养是由训练和实践而获得的技巧或能力，例如：军事素养；另外一种解释是平素的修养，例如：理论素养。"[②]"素养"一词在《辞海》中的解释："经常修习的涵养，也指平日的修养，如艺术素养；文学素养。"[③]我国的学者分别从不同的学科领域对"素养"的概念进行了界定。心理学认为，素养是指个体在掌握心理学知识的基础上，能够运用心理学知识去解决各种各

[①] 中国社会科学院语言研究所词典编辑室. 现代汉语词典 [M]. 北京：商务印书馆，2016：1501.

[②] 李行健. 现代汉语规范词典 [M]. 北京：外语教学研究出版社，2010：1255.

[③] 陈至立. 辞海 [M]. 上海：上海辞书出版社，1999：1479.

样的心理问题的一种修养与能力。伦理学认为，素养是指构建一种合理的道德观，一种合乎人类各个时代的道德规范或规则。[①] 在哲学方面，素养则侧重于哲学修养，是指在人类实践过程中运用哲学知识及思维方式来检视或者解决遇到的问题，从而自觉地、不间断地修为涵养。[②] 从上述各种工具书及不同学科对"素养"概念的各种界定来看，结合当今社会发展的情况，笔者更认同《辞海》对于"素养"的解释，即"经常修习的涵养"。这一解释不仅说明了素养不是一朝一夕就能形成的，而是要经过长期的学习和实践才得以形成的，也隐含了道德和价值的观念，同时表明了：一个人若想成为具有素养的人，就必须不断自觉地通过日常行为来体现自身的修养和能力，成为独立的终身具备这种品质的人类个体。

3. 道德

道德，意识领域一种特别的范畴，在一定的社会背景程度上讲，为当时的政治经济现状所导致的，是以善恶是非为客观评判标准，依靠社会环境、历史传统和内在信仰所维系的，以用来调节和整合人与人之间及社会之间关系的行为规范。随着人类历史的不断向前推进和社会文明的日益发展，人类对于道德内涵的解读存在着众多说法，但都大同小异，其共同点都没有从道德的本质层面予以深刻的剖析。随着马克思主义在理论和实践层面的不断发展，马克思主义从道德本质出发，在借鉴前代发展的基础上，对道德内涵做出科学的定义并一直沿用至今。

根据马克思主义关于道德的经典定义，本书认为，第一，道德作为一种特殊的意识形态，有着深刻的社会物质原因，由时代发展的社会经济关系决定的。在马克思主义哲学中，历史唯物主义认为：社会存在决定社会意识，而物质资料是生产方式中重要的一环，社会经济关系是起到决定性意义的。具体地说，人们的社会经济关系状况不同，所形成的社会意识就会有所不同，道德随着社会经济关系的变化而不断变化。道德存在于社会意识的层面，符合社会发展的客观规律以及自觉站在广大人民群众的立场上的意识，会使人们能动地了解和掌握未来社会的发展趋势，对人类社会发展起积极的建设性的导向作用。第二，道德以善恶的角度，调整人们某

① 唐凯麟. 伦理学 [M]. 北京：高等教育出版社，2001：365-382.

② 张忠. 哲学修养 [M]. 长沙：湖南大学出版社，2011：235-246.

种关系的行为准则。"善"与"恶"是用来衡量人们道德行为的最基本的两个属性。从马克思主义伦理学的意义上讲,在不同的历史时代背景下,不同的社会阶段善恶标准各不相同,究其社会根源,由不同历史环境、各个社会的多层次利益所决定的。但是,善恶存在着客观标准,需要看其行为或事件是否遵循社会发展的客观规律和是否有利于社会的发展进步,是否自觉地站在广大人民的立场上和是否有利于广大人民群众的利益需要。

4. 网络素养

网络素养源于媒介素养,是在媒介广泛兴起的条件下产生的,是人们在利用媒介的实践活动中获得的技巧或能力。"媒介素养"起源于西方的"media literacy"。伴随着媒介的逐步发展,从纸媒、广播、电视,到互联网络新媒体,媒介素养的内涵也随之不断地拓展与完善,包括人们对媒介信息的理解以及人们辩证地看待信息的内容,掌握基本的技能以及正确的政治立场和道德判断。2003年美国媒介素养研究中心对媒介素养做了详细解释,"为获取、分析、评估和创作各种形态的信息提供一个框架,为媒介在社会中的角色提供一种理解,也为民主社会中的公民提供其所必需的质疑和表达的基本技能"[①]。学者除了使用"网络素养"一词,另外也有学者称作"信息素养""计算机素养""网络媒介素养"等,虽然大同小异,但是也各有侧重。对于网络素养的概念,目前学术界尚无统一界定。在网络社会不断发展的情况下,网络素养概念的内涵也随之不断地拓展与完善。

厘清网络素养的内涵,要认识到网络的工具性与传播性,要结合现实社会经济发展情况对网络发展的正反两方面影响有所了解。网络素养的内涵从最初的网络的认知、使用能力,到网络道德、安全、法律和政治等精神方面,如网络条件下的批判意识、思想政治意识、社会责任感等。因此,本书的网络素养是指社会成员基于一定的网络知识和技能水平,在主动利用网络进行学习、交流的过程中,是否具备对网络信息扎实的甄别能力,自觉遵守网络道德和法律规范,牢固树立网络安全意识,正确、有效地利用网络促进个人和社会发展的一种综合修养和能力。

在此基础上,本书结合大学生的思想与行为形成规律,分别从网络信

---

① 陆晔. 媒介素养:理念,认知,参与[M]. 北京:经济科学出版社,2010:9.

息获取、网络信息辨别、网络行为的层面将网络素养的构成内容划分为网络知识与技能素养、网络信息甄别素养、网络道德素养及网络法律与安全素养四个主要方面。

（1）网络知识与技能素养

网络知识与技能素养是人们能够顺利进行网络实践活动以及提升网络综合素养的前提，它是指人们所掌握的网络知识、网络操作技能的水平以及利用网络来获取和创造信息的能力。

"虽然虚拟实践是在信息时代才出现的一种新的人类活动形式，是人类历史上从未有过的，但究其本质而言，它也不过是人们运用虚拟现实技术在电脑网络空间中有目的地进行的、能动地改造和探索虚拟客体，同时间接地影响和改造现实客体的一种物质的能动的活动"[①]。网络社会的虚拟实践活动必须依靠信息技术等物质基础才能得以实现，因而，技术为人类活动提供条件的同时，也规范和束缚着人类的网络言行，人们所从事的任何虚拟实践活动都必须在其掌握的网络知识与技术能够支持的水平和范围之内。换言之，只有掌握了一定的网络知识与技能素养的人，才能切身地感受到虚拟实践的具体过程和活动内容，才能向网络社会的其他成员传播信息或进行人际交往。

网络知识与技能素养具体包含以下五个方面：对于互联网性质、发展过程、特点及用途的了解程度；电脑系统的基本操作和应用设置水平；网络信息查找、检索和发布的基本技能；对各类软件的操作能力及熟练程度；处理常规电脑故障的基本能力等，这些都是人们能够实现安全、有效地使用网络获取信息的必备条件。

（2）网络信息甄别素养

网络信息甄别素养是网络素养构成要素中的基础，人们对网络信息所形成的何种辨别和解读也是其如何展开网络行为的根源。网络信息甄别素养是指人们对其掌握的网络信息所能够做出的符合一切自然规律的事实判断和符合一定社会要求的价值判断的能力高低。辩证唯物主义认识论认为，感性认识有待于发展为理性认识，人们必须通过实践占有丰富的、合乎实

---

① 王伟光. 反观主观唯心主义[M]. 北京：人民出版社，2014：205.

际的感性材料，并掌握和运用科学的抽象思维方法，从而形成对事物本质和规律性的认识。网络信息甄别素养要求人们以已有的理性认识和思维方法为知识背景，"去粗取精、去伪存真、由此及彼、由表及里"地对大量具体的网络信息进行甄别，特别是"微博时代的读写离我们的眼睛、嘴巴很近，而离大脑很远；离感性很近，离理性很远；离舆论很近，离思想很远"①，更加需要人们立足事实并培养良好的信息甄别能力来对网络信息进行批判性的解读并做出正确的判断，自觉抵制有害信息、过滤垃圾信息。

（3）网络道德素养

网络道德素养是网络素养的灵魂、核心。网络传播具有虚拟性、匿名性等特点，因此难以严格地规范和把控每一位网民的网络思想和行为，网络社会的健康发展更大程度上依赖于人们的网络道德自律，所以，网民应自觉提升其网络道德素养。网络道德是伴随着社会生产力进步，于互联网时代所出现的新的道德有机构成，它是规范人们在网络社会中共同生活及其行为的准则。"网络道德，是指以善恶为标准，通过社会舆论、内心信念和传统习惯来评价人的网上行为，调节网络时空中人与人之间以及个人与社会之间的行为规范。②"而网络道德素养是指社会成员以一定社会或阶级所倡导的网络道德要求为衡量标准，通过内在努力和外界影响不断锻炼、改造自身的网络道德心理与行为，最终形成并达到相应的网络道德情操和网络道德境界。即使网络社会具有其自身的特殊性，但现实生活的基本道德规范仍然也适用于虚拟的网络社会，并将人们的网络行为限定在合理的道德范围之内。网络道德素养要求人们遵守"集体主义、人道主义、社会公正、诚实信用"等社会主义道德原则，恪守"文明礼貌、助人为乐、爱护公物、保护环境、遵纪守法"③等社会主义社会公德，严禁侵犯他人知识产权或隐私，杜绝网络欺骗、网络语言攻击等行为。

（4）网络法律与安全素养

网络法律与安全素养是人们的网络活动得以正常开展的保障，它是指社会成员遵守网络法律法规、维护自身网络安全的能力。具体而言，它首

---

① 张涛甫. 微博时代的新读写 [J]. 党政干部参考，2011（2）：43.

② 王天民. 大学生思想政治教育创新研究 [M]. 北京：北京师范大学出版社，2013：178.

③ 王泽应. 伦理学 [M]. 北京：北京师范大学出版社，2012：246.

先要求人们主动了解并自觉遵守与互联网相关的我国的法律、法规，如《中华人民共和国刑法》《中华人民共和国网络安全法》《互联网信息服务管理办法》《全国人大常委会关于维护互联网安全的决定》《中华人民共和国著作权法》《互联网站禁止传播淫秽、色情等不良信息自律规范》《信息网络传播权保护条例》《互联网文化管理暂行规定》等均涉及"网络素养"的法律、法规。任何组织和个人都必须遵守相关法律、法规，对自身的网络言行负责，任何时候都不能随意捏造、发布影响国家安全、民族团结、社会稳定的谣言，不传播色情、赌博、迷信等网络信息，绝不损害国家利益、公共利益及他人利益，合理维护个人正当利益，杜绝网络犯罪。其次，它还要求人们深入贯彻落实习近平总书记所提出的国家网络安全观，保证自身的技术与信息安全，绝不恶意侵犯他人电脑，盗取他人隐私或资源，并且注重网络人际交往安全，不轻信陌生人或面见陌生网友，树立网络自我保护的意识，努力成为具有高度安全意识的优质网民。

5. 网络道德

进入 21 世纪以来，随着互联网和信息技术领域的不断创新发展，我们已经大跨步地进入到一个全新的互联网思维发展时代，信息技术正在潜移默化地不断地充斥并影响着我们复杂社会生活的各个维度。与此同时，在社会道德方面，产生的社会影响力也是惊人的，网络道德作为一个新鲜事物，是道德与当今社会网络相结合的产物，越来越受到社会各界的普遍关注。目前，关于网络道德内涵的一系列研究成果，学术界还没到达到一致的意见。目前大多数专家学者，关于网络道德内涵和外延的界定多是从规范性的角度来阐述的，如《网络伦理》一书认为："网络道德是人们在信息化的社会背景条件下通过电子信息网络平台上产生的交互从而形成的某种社会行为的有效规制的道德伦理原则"[①]。然而，网络道德是随着互联网自身不断发展的历史性产物，与信息网络的时代发展相映衬，人类社会发展需要对道德准则符合新的时代意义的调整，网络道德便产生了，其内涵和外延也随着研究的不断深化而不断地向前推移，在不同的社会历史发展阶段，网络道德的含义也就有所差别。但是无论学术界从什么角度进行研究，网

---

① 严耕，陆俊，孙伟平. 网络伦理 [M]. 北京：北京出版社，2000：36.

络道德都体现了个人道德与社会道德的有机统一。综合学术界的观点，本书认为，所谓网络道德，是指从善恶角度出发，围绕当今舆论、历史习惯、内心信念等角度来衡量人们的特定实践活动，调节网络时空中纷纷复杂社会关系的行为规范。在一定条件下，网络道德从根本上来讲，不是一种全新的道德观念，是对网络个体在从事网络信息活动的道德要求、道德准则、道德规约。网络道德是个人与个人、个人与社会关系的行为准则，它发生于社会历史背景下某种的行为规范。网络道德有别于现实世界，网络道德的存在和发展拥有着自身的特质。

第一，网络道德具有自觉性、主动性。传统的道德大多数是面对面的直接性质的关系，外在的舆论环境、传统伦理以及个体内心信念对个体起着重要作用。而在虚拟的网络时代环境下，人类的交往行为和交往方式都发生着潜移默化、深远持久的变化，呈现出多层次特点，人与人之间的交流沟通是以间接交往为主，网络社会属于一种具有虚拟特性的开放领域，网络行为主体可以进行着随时随地的交往行为，更多地体现出交往的自律性，具有很强的自主选择空间和时间。同时也就意味着，网络主体可以在没有任何外部规范性情况下，依据自身的良心和内心的道德理念来自觉地选择道德行为。这种自主性带来了自由、平等、不受拘束的同时也不顾及社会舆论和他人的道德评价。

第二，网络道德具有普遍性、开放性。进入网络信息时代以来，由于网络信息的传播迅速的特点和网络信息技术的不断创新与升级，我们进入到一个信息大数据的时代。网络所呈现出的普遍性和开放性大大地缩短了人与人、人与社会的交往距离，全球化的网络交往推动着人类社会交往向"普遍交往"的高级阶段发展，网络交往过程中暴露出来的道德问题具有较强的共性，任何不道德的网络交往行为都不再是一个封闭的体系。网络道德交往行为和事件已经突破时间和空间的范围，具有很强的开放性，在不同的国家、不同的地区、不同的民族之间的交往出现了多元的开放性。

6. 网络道德素养

信息素养作为一种新生事物，这一观点的最早提出在1970年左右，信息素养的内涵指人们在信息化时代条件下，具有一定稳定性和文化性的双重个性心理品质，其内涵包括信息意识、信息知识、信息技能及信息伦理等维度。然而网络道德素养作为信息素养的有机组成要素，对信息素养的整体起到保障机制的作用，同时也是道德素养的一种特殊形式。网络道德素养是指网络主体在利用网络信息的过程中，对于计算机网络行为产生的问题要有充分的认知前提，遵循网络社会发展的客观规律和网络信息伦理道德，规范自身的网络行为与活动，它是对信息的相关者之间的相互关系的行为进行规范的道德准则，是每个网络行为主体必须遵守的道德标准。网络信息素养是人们在整个网络信息交往过程中表现出来的信息网络道德品质。网络道德素养与传统的道德素养有着明显的区别，网络道德素养存在的环境具有虚拟性，在虚拟的环境中，网络行为主体都是以虚拟化符号的方式存在的。同时，网络道德素养教育具有多元性特征，网络社会发展中的个体，均为平等的网络行为主体，是一个有着充分地表达意愿和利益诉求的虚拟世界，从某种程度上讲，大大提高了网络环境背景下，网络主体的民主意识。网络信息素养是网络时代发展到一定阶段的产物，在大数据时代背景条件下，在增强网络技术及网络信息的同时，也应着力增强网络道德素养水平，增强选择信息的正确性和网络信息的洞察鉴别能力。网络行为主体在法律法规的允许条件下，对既定信息进行科学合理的判断与选择，充分发挥主观自觉能动性，选择对社会发展产生积极影响的信息，规避消息或不良信息。

7. 大学生网络素养教育

网络改变了传统的教育模式和学习模式，思维活跃、容易接受新事物的大学生能够通过网络掌握大量信息，他们所接触的领域变得更加多元化。加之，当代大学生追求个性解放、热情开朗，但由于他们多为独生子女，未经受太多的挫折和风浪，他们的内心却又普遍表现出孤独和脆弱，因而大学生纷纷选择并喜欢运用网络向他人表达自己的思想和观念。大学生是我国网络社会的主力军和生力军，他们网络素养水平直接关系到全民网络素养的水平。大学生网络素养是指当代大学生作为网络活动主体在面对复杂网络环境和适应网络社会时所应具备的较为稳定的、内在的基本素质和修养，它是建立在个体内部主观能动性和外界客观影响基础上的知识技术、心理特征、思想倾向及行为习惯等多方面的综合素养。因此，必须提高大学生的网络素养水平，积极加强大学生网络素养教育来帮助他们适应这个

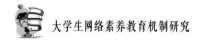

光怪陆离、菁芜并存的网络世界。

网络素养教育是思想政治教育在互联网时代的研究新领域，其基本的教育目标是培育更多"有扎实的网络知识与技能、有良好的网络信息甄别能力、有文明的网络道德、有高度的法律安全意识"的优质网民。网络素养教育，指社会或社会群体对其成员施加有目的、有计划、有组织的影响，帮助他们掌握基本的网络知识和技能，提高其网络信息甄别能力、网络道德水平和法律安全观念，培养其正确有效地获取、辨析和传播网络信息的能力，最终利用网络资源为个人和社会的全面发展而服务的一种社会实践活动。

网络素养教育强调对人们的网络思维方式、价值观念及行为规范进行引导，它以网络知识与技能、网络信息甄别、网络道德心理与行为、网络法律与安全意识为主要教育内容，具体分为网络知识与技能素养教育、网络信息甄别素养教育、网络道德素养教育及网络法律与安全素养教育四个方面。

（1）网络知识与技能素养教育

具备一定的网络知识与技能素养是人们打开网络世界大门的钥匙，而网络知识与技能素养教育就是一种有意识地向他人传授网络基础知识与基础技能的社会实践活动，其教育目的在于培养人们熟练地利用互联网进行虚拟实践的基本能力。大学生的网络知识与技能素养教育主要通过高校开展计算机基础教育来使他们能够掌握必要的计算机技术，提升他们基本的计算机操作能力、信息检索与创造能力。

除了外部施加的教育影响之外，大学生还应当积极发挥主观能动性进行自我教育以适应发展日新月异的网络社会。例如，结合自身的网络生存与发展需要，自主学习新的互联网理论知识，熟练已有的操作技术并结合自身的专业需求不断学习新的软件操作方法，培养利用互联网来解决实际问题的应用能力，从而不断提高自身网络知识与技能素养的水平。

（2）网络信息甄别素养教育

网络传播渠道的多元化使不同价值取向的信息共存于网络之中，信息发布的无门槛化导致了网络信息的不确定性增加、真实性降低，复杂的网络环境要求大学生必须具备良好的网络信息甄别能力来判断所获取信息的真伪、正误，尽量不被夸张失实的信息而误导、不受错误偏激的价值观念所影响。积极开展大学生网络信息甄别素养教育引导他们通过查找信息来源、考证信息内容的具体方法来对不同信息进行甄别，进而得出相应的事实判断或价值判断，尤其注重对他们信息甄别意识的培养，使其养成主动筛选和判断网络信息的上网习惯，才能帮助当代大学生不断适应信息化程度日益提高的社会环境。

自媒体时代下，每个网民既是信息的传播受众也是信息的制作者、发布者，信息发布的自由与开放要求人们通过查找和核实网络信息的来源来鉴别信息的真实度，对心存疑虑的网络信息应当积极追寻其信息来源。学会区分不同类型传播者的信息真实度所存在的差异性，官方、主流媒体发布的信息更具权威性，方向正确、可信度较高，而网民个人所发布的信息相对而言难以辨别真伪或判断正误。对于政府机构与主流媒体而言，建立健全的网络信息监管机制，实时监控网上信息的传播情况，不良舆论、虚假新闻一旦出现便及时出面澄清，也能够为提高大学生的网络信息甄别素养营造一个健康和谐的网络环境。明确信息来源之后，如果仍对信息的真伪难以辨别，可以通过咨询相关的专业人员进行求证，或者自行搜索是否曾有权威信源发布过类似的相关信息，本着去芜存菁、去伪存真的原则去考证信息内容、过滤不良不实信息，永远保持着质疑和思辨精神来对信息进行深层次的反思，最终做出一个客观、理性的事实判断或价值判断。

（3）网络道德素养教育

"人无德不立，国无德不兴。"中华民族历来强调道德对于个人修身立业和国家长治久安的重要作用，网络道德也是一种调节网络社会中人与人、个人与社会之间相互关系的行为规范的总和，网络道德素养教育的开展有利于信息化时代下发展和完善社会成员的人格素养，它是以帮助人们养成良好的网络道德行为习惯与道德品质为目的的教育活动，也是网络素养教育之中的重点。所谓网络道德素养教育，是指社会或社会群体用一定社会或阶级所要求的网络道德规范、网络道德观念，有目的、有组织、有计划地对人们施加系统的道德影响，使他们形成良好的网络道德素养，自觉遵循网络道德行为准则、履行网络道德义务的社会实践活动。

人的网络道德素养是个体在虚拟实践活动中外部客观因素和主观因素

交互作用的产物，人的网络道德素养的形成和发展过程是外部制约和内在转化的辩证统一的过程。当代大学生的网络道德素养教育是一项系统工程，需要大学生自身与高校、政府以及媒体等外部环境协同努力，通过施加教育影响以促进大学生内在的网络道德认识、网络道德情感、网络道德信念、网络道德意志及网络道德行为等思想品德诸要素不断平衡发展，最终使一定社会或阶级所倡导的道德要求深入大学生内心并转化为其个人稳定的道德品质。

一是形成网络道德认识。网络社会不是独立于现实社会之外而存在的新的社会形态，现实的道德规范与准则在网络社会中仍然适用。开展大学生的网络道德素养教育首先需要使他们准确掌握网络道德的基本认识，加深对网络道德规范与原则的理解和认识，能够分清善、恶、美、丑的界限。高校教育者、社会媒体对网络社会中发生的典型事件应及时做出恰当、客观的评价，巩固大学生的基本道德认识，培养和提高他们进行道德判断和评价的能力。二是陶冶网络道德情感。例如，发动并指导大学生针对社会典型事件积极展开线上和线下讨论，有利于激发他们的网络道德情感，产生对高尚的道德行为的追求与向往之情。三是锻炼网络道德意志。大学生网络道德失范行为的产生其中最重要的原因，即在于他们缺乏坚定的网络道德意志，网络的虚拟性弱化了道德准则的约束力，因而对大学生的网络道德自律性提出了更高的要求。网络道德素养教育应当注重引导大学生努力保持自觉而清醒的道德认识，控制并支配自己的道德情绪，"勿以善小而不为，勿以恶小而为之"，从网络生活的小事中逐渐锻炼自己的道德意志。四是强化网络道德信念。政府、媒体应加强对在网上具有正面引导作用的榜样人物的宣传与传播，大力弘扬网络正能量，让广大大学生对我们所倡导的社会主义道德形成深刻而有现实根据的笃信。五是养成正确的网络道德行为习惯。行为是人的思想品德的外在表现形式，也是衡量一个人道德品质高低的重要标志，大学生的网络道德素养教育要不失时机地帮助他们实现知行转化，创设良好的道德情景境，最终形成良好的行为习惯和高尚的道德品质。

（4）网络法律与安全素养教育

网络法律与安全素养教育是以提高人们遵守网络法律法规、维护自身网络安全的能力为主要目的的教育实践活动。开展大学生网络法律与安全素养教育，仍然是一个由"知"内化为"情、意、信"，再外化到"行"的不断循环与进步的辩证过程。

　　首先，宣传网络法律与安全知识，树立网络法律与安全意识。高校主要通过网络素养教育的公共选修课、"思想道德与法律基础"课、专题讲座等线下教学渠道，政府与社会媒体则可以通过线上的微博、微信等社交平台对涉及网络的法律法规和安全知识进行传授与宣传，让大学生知法、懂法，增强他们的信息保密意识和社交防范意识，并且清晰地认识到遵守网络法律与维护网络安全对构建良好网络环境的重要性，使网络法律与安全意识深入到他们的内心。其次，引导、规范网络法律与安全行为。发挥高校的党团、社团的组织优势，透过丰富多彩的社会实践活动帮助大学生将网络法律与安全知识应用到生活中去，并积极动员大学生参加每年的"国家网络安全宣传周"活动，从而帮助他们实现从"知法""懂法"到"守法"的飞跃，切实保证大学生自身的信息安全与人际安全。

　　总而言之，通过开展网络知识与技能素养教育、网络信息甄别素养教育、网络道德素养教育、网络法律与安全素养教育四个方面来加强大学生网络素养教育以培养在校大学生的网络辨识水平和自控能力，提升他们的媒介知识水平与网络道德法律意识，有利于净化网络环境、引领网络社会正确的价值倾向，促进我国网民素质的总体提升，最终使人们更好地利用网络实现自我发展和社会发展。

　　（二）网络对大学生的影响

　　1. 网络对大学生的积极影响

　　（1）有利于大学生拓宽视野、丰富知识

　　网络具有丰富的信息量，相当于一部百科全书，只要在搜索引擎中轻松地输入关键词，就可以获得经济、政治、文化、科技、教育等多方面的信息资源。网络为大学生提供了一个广阔的学习空间，在这自由的空间里，大学生获取知识的方式和渠道变得灵活多样。网络的开放性，使得进入网络的大学生可以尽情地遨游在知识的海洋里，不再限制于上课时间。网络信息传播的快速性也为大学生获取知识的即时性创造了有利条件，及时更新知识，适应社会发展的需要。大学生通过网络不仅可以了解社会发展形势，学习自己感兴趣的知识，也可以在网上向专家学者等有共同兴趣的人进行讨论和交流。通过网络，大学生可以随时掌握最新的资讯和社会动态，不断提高自己的知识水平和思想认识，做网络时代的"弄潮儿"。可以说，网络的出现，改变了大学生的知识结构，为大学生丰富和完善自我提供了方便快捷的条件。

（2）有利于大学生学习主体性的发挥

传统的课堂教学，教师往往是按自己早先计划好的程序来实施教学的，课堂上师生的互动较少。课堂反馈信息仅仅通过学生作业、随堂测验和综合考试等形式。当前的教育改革不仅重视教师主导作用，更重视学生主体地位。首先，网络技术的改革带动了教育改革。网络技术改革中涉及的科学探索吸引着教师、学生。在研究性教学和学习环境中互动交流，为发挥学生学习主体性奠定了基础。其次，网络文化的生动丰富为高校教学活动注入新的活力，让学生在注入"新元素"的课堂中主动学习，选择学习。总之，网络的发展可以调动学生课堂学习的积极性，提升学生在学习过程中的主体地位，对培养和提高大学生的认知能力和尊重大学生的个性发展有着重要作用。

（3）网络的开放性有利于大学生个性发展和潜能开发

网络技术的快速发展，促进了科技的进步和生产力的发展，从而带动了社会经济发展，也为大学生的发展带来了新的机遇。大学生通过网络，可以找到自己发展的方向，挖掘有利于自己发展的各种资源。知识浩如烟海的网站，可以为大学生提供一个大胆发挥想象力的广阔平台，他们自己动手设计网站，将自己平日收集的文章、照片、视频等上传到网上，通过开讨论区，发帖子，和大家进行交流，这不仅让大学生展现自我，还能够增强他们的自信心和主体意识，有利于其个性的形成和发展。

（4）微媒体对大学生网络生活的积极影响

①搭建了大学生网络学习方式新载体

微媒体为大学生的学习方式搭建了新载体，现在微媒体都是以手机为终端进行发展的，手机又是大学生必备品，所以获取信息十分便利。打开微媒体，大学生可以实时掌握国家动态和世界新闻，掌握时政知识，日积月累，大学生通过微媒体获得的信息量超越了传统教育和传统媒体。大学生的学习模式发生改变，从传统课堂教学到网站式教学再到现在最为流行的微课教学，学习路径越来越简化，可以随时随地进行学习，还可以在线与其他同学参加模考比赛，随时进行交流。例如，过去大学生考取驾照在经历科目一时，必须要到驾校所在地进行反复练习，而在微媒体环境下，大学生可以通过添加公众号的方式关注考取驾照的相关练习平台，资料全面并且学习时间、学习地点可以根据自己的生活而选择。微媒体为当代大学生的学习带来了无限可能，免费海量的学习资料和赏心悦目的界面设置，让大学生随时打开微课堂就能继续学习并且还可以分享资源与同学在线讨论，现在选择通过微媒体作为学习载体的大学生越来越多。将微媒体独有的特点与传统的教学理论结合，激发学生的学习兴趣。除了学习科研知识，微媒体对大学生心理教育和社会主义核心价值观的形成也提供了新方式，例如，微视频和微电影利用动态画面被大学生广泛接受，微视频《答卷》向大学生介绍了党的光辉历史和国家发展新局面，用视频的形式展现中国的治理成就，直观而富有创意，呼吁大学生热爱祖国，勿忘历史，珍惜生活。因此，微媒体丰富了大学生的学习方式，提供了新网络平台，对大学生的理论知识积累和思想政治教育都起到促进作用。

②创设了大学生网络交往方式新环境

微媒体为大学生的网络交往方式创设新环境，大学生人际交往形式发生变化，过去QQ是大学生交流最经常使用的社交工具，现在几乎已经被微信、微博取而代之。特别是微媒体新增的一些功能如微信朋友圈、摇一摇等对传统电信业务和网站产生冲击，电话通话和短信业务被视频语音取代，打开视频可以看到深在远方许久未见的老朋友，还可以与联系人共享位置为面对面提供便利，只要大学生打开数据流量或者连接无线网络就可以即时接收联系人的消息、分享联系人的动态。交流方式多元化拉近了大学生与他人的距离，人际交流范围也随之变广。再加之微媒体开放性特点，大学生可以在微平台上展示自己，发挥特长吸引关注，通过分享自己的照片、视频、音频展示自己，与关注者互动，通过文字发表观点，参与讨论，交流方式的改变让大学生与外界交流更加频繁，有共同兴趣的大学生可以组建群，进行高频交流互动，分享喜悦，分享成功；一些不善于面对面表达的大学生在微媒体上可以勇敢地与父母交谈，这都是微媒体对大学生网络生活的影响。

③构建了大学生网络娱乐方式新平台

微媒体为大学生娱乐方式创建了新平台，丰富多样的娱乐活动吸引了众多大学生，大学生年轻、有想法、勇敢的特点也为娱乐活动注入了新元素。由于大学生的课业负担相比于高中阶段较轻，而且上课时间不固定，所以大部分时间被业余活动填满。一方面微媒体自带的文章阅读、小程序游戏、实时语音聊天、网络购物、线上支付等功能满足了大学生娱乐生活各个方面的需求。微媒体丰富了大学生的网络娱乐方式，过去网上购物必须通过网站实施，现在只要打开微媒体界面就可以轻松下单，等待货物邮寄到家即可。微媒体的线上支付功能和线下支付功能逐渐完善，大学生出门可以不带现金和银行卡，用微信就可以支付，而且支持该功能的线下门店逐渐增多，几乎大街小巷都可以使用。大学生利用微媒体可以购买火车票甚至可以帮家人朋友一同购买，还可以接收到最新的音乐分享和影视资源。大学生的娱乐方式不再仅限于聚餐、体育活动。另一方面微媒体具有极强的原创性和草根性，使用群体不需要烦琐的步骤就可以展示自己，带来多种多样的娱乐活动。明星人物、作家、科学家、运动员的加入让大学生更有勇气展现自己，新的传播工具造就了无数平凡的人，让更多默默无闻的英雄、有才华的歌者被大众熟知，越来越多的人在微媒体上找到展示自己的舞台。

2. 网络对大学生的消极影响

网络对大学生的影响是双重的，既有积极的一面，也有消极的一面。随着我国改革开放的不断深入，一些西方国家凭借其先进的网络技术，将资本主义没落的文化价值观、腐朽意识和精神垃圾传入我国，如享乐主义、拜金主义和极端的个人主义等，这些对大学生的世界观、人生观和价值观都有着深刻的影响。网络上的谣言信息、色情信息、低俗信息、暴力信息、反动信息等不良信息充斥着网络，对广大的网民尤其是大学生的身心健康产生不良影响。由于大学生缺乏社会阅历、心理尚未成熟，网络上那些暴力、色情、反动的信息，很容易对大学生的心灵产生消极影响。有些大学生长期沉迷网络，成为网瘾者，脱离现实社会，出现思维迟钝、孤独不安、自我评价降低等症状，严重危害大学生的身心健康，有些大学生因抵制不了网络上一些诱惑而走上违法犯罪的道路。

网瘾者通常会专注于某种具体的网络内容，以某种具体的网络行为为主，但也有少部分网瘾者倾向于多方面的网络内容，有着多种网瘾行为。根据大量的网瘾研究成果和大学生网瘾者使用网络行为偏好方式，大致可以将大学生网瘾分为五种类型，即大学生网络娱乐成瘾、网络信息成瘾、网络色情成瘾、网络关系成瘾、网络交易成瘾。网络成瘾对大学生的危害，可归纳为以下五个方面。

（1）学业荒废

学习是学生的本职任务。学业优异是学生最重要的追求目标，对大学生而言也是一样，学业成绩是大学生学习成功与否的主要衡量标准。网络为大学生提供了丰富的学习资源，能够促进其发散思维的发展，在一定程度上培育了大学生强大的创新意识，因而我国高等教育也高度重视大学生的网络素养水平。为了提高大学生的网络素养，国家大力加强了对教师进行培训与网络中心管理，改造网络基础建设等。然而，大学生未必能用正确的心态来对待网络，未必能正确运用网络提高自己的学业成绩。大学生沉迷网络，上网所进行的活动大多与学业无关（如网络视频聊天和网络游戏）。许多大学生在网络世界搞起了"好友联盟""同城密友""情感吧""网恋"，甚至整个宿舍、整个班级都通宵玩网络游戏，破坏了正常的学习秩序，浪费了大量的学习时间，也淡化了学习兴趣，降低了学习效率，弱化了学习动力，导致大学生根本无心上课，甚至出现旷课、逃学的现象。正如美国阿尔弗雷德大学奥特教授所言："我们在这项教育工具中投入了大量金钱，但有的学生却用它来毁了自己。"[①]大学生沉溺于网络的结果是习惯性旷课；习惯性旷课的结局是学业成绩一塌糊涂；学业成绩一塌糊涂后又沉溺于网络世界去寻找刺激和慰藉，这几乎是没有终点的噩梦。

（2）身体伤害

网瘾人群最主要的特点就是上网者无节制地进行网络行为。大学生网瘾者会花费大量时间和精力，进行浏览网页、网络聊天、网络游戏等网络行为。这种过度使用网络的行为，严重地影响到其生活质量，对生理健康

---

① [美]金伯利·扬. 网虫综合征——网瘾的症状与康复策略[M]. 毛岸英，译. 上海：上海译文出版社，2000：178.

的损害，显得更为明显。许多大学生出现了皮肤斑、心悸、头痛、乏力、流鼻水、眼睛痒、颈背痛、短暂失忆、免疫功能下降、易激动暴躁、抑郁、失眠多梦等亚健康症状。

长期上网的人对于眼睛的损伤是较为明显的。人眼是人体的视觉器官，其主要结构眼球能够吸收大量的微波。电脑的电磁辐射会直接被眼睛内的分子和原子吸收，产生热效应，使晶状体代谢功能下降，长时间就会形成晶核，从而导致白内障，甚至失明。人们正常生活时，每五六秒钟眨一次眼，而网瘾者眨眼频率迅速下降至大约为每十几秒眨眼一次，有的甚至达到 20 秒每次。大学生上网时，目光高度集中关注电脑屏，极其容易引起神经调节紊乱与眼睛泪液分泌量不足，则无法保证眼睛的湿润，导致视觉疲劳、闪烁不清、视线模糊、眼睛酸痛、干涩等现象。除此以外，电脑荧光屏闪烁、室内照明不佳、长时间坐姿不良，都会造成视觉疲劳，视力下降。

电子产品在使用过程中会产生不同程度的电磁辐射。室内污染主要包括：噪声污染、室内空气污染和放射性污染，电磁辐射污染也属于室内环境污染。科学研究表明：电磁辐射超过 2 毫高斯就会在一定程度上危害人体健康，而普通电脑可以辐射出达 100 毫高斯电磁辐射，可见电脑对人体的隐形伤害很大。电脑显示器、液晶显示器和电脑主机，都具有不同辐射水平的辐射源。电磁辐射污染无形无味无色，充斥着生活空间，可以直接穿透包括人体在内的多种物质。临床医学证明，长时间坐在电脑前的人，过度的电磁辐射会促使人体的血液、淋巴液和细胞原生质等物质发生变性，进而影响到人体的循环系统、免疫系统、生殖系统及各种正常的新陈代谢功能。

此外，研究表明，网瘾对神经系统的危害也较大。网络成瘾与大脑神经有着极为密切的关联。长时间地进行刺激性上网，会使大脑的中枢神经系统处于高度兴奋状态，引起交感神经异常兴奋和肾上腺分泌紊乱，进而引起一系列复杂的生理和物理、化学变化，导致机体功能异化，生理免疫力下降。大学生网瘾者不间断使用键盘和鼠标，对尺神经及正中神经的过度压迫，可以造成这些神经的永久性损伤，病症表现为手麻或胳膊麻木、疼痛，甚至出现肌肉萎缩、肌无力。以往多见于中老年人的疾患如颈椎病，目前已逐渐成为网瘾者的"风行病"。许多大学生网瘾者由于上网时总是长时间保持相对固定的身体姿势和反复的机械运动，肌肉和骨骼系统功能损害严重。许多学生出现腕关节综合征、静脉曲张、静脉血栓等症状。不少大学生沉溺于网络数小时或数十小时后，大脑过度兴奋，会出现恶心、呕吐、昏厥甚至死亡。

（3）社交封闭

这里所说的社交封闭是指网瘾大学生在现实社会交往方面封闭，而并非网络社会交往封闭。良好的现实人际关系是大学生实现社会化的重要途径，然而在网瘾大学生的生活中，网络社会"人—机器—人"的间接交流模式，完全取代了现实世界的人与人之间"面对面"的直接交往。这种人机对话的网络交际方式，打破了传统的时空观，跨越了地域和空间，把距离和时间缩小到零，实现了形式上的"天涯若比邻"。其次，它能剔除交往双方众多的社会基本属性，过滤金钱、容貌、身份和家世等世俗偏见。大学生在网络空间能以一种更加开放、大胆的姿态投入虚拟人际交往；可根据自己的兴趣爱好，快速地找到"知心好友"，建立亲密的人际关系。多数沉迷于网络交往的大学生，自认为在网络中更容易得到他人的关心和呵护，更容易实现自身价值，获得成就感和满足感。因而当大学生在现实的生活中遇到困难的时候，也会采取"宁信机，不信人"的态度，不愿直面现实生活。大部分网瘾大学生的网络社会交往范围较广，但大部分网络友人都是网络游戏玩伴或者是聊天室的友人，对自己学业和事业的发展，毫无半点帮助和支持。

对于迷恋网络的大学生来说，上网时间越长，参与可视性、亲和感的现实人际交往机会就越少，就越容易产生性格孤僻、认知失调和人际情感淡漠等，更有甚者难以平衡虚拟交往和现实世界交往之间的差别，无法区别现实世界与网络世界。网瘾大学生在与老师、同学交往的过程中，往往都会出现人际交往障碍的现象。这部分大学生的个性特征十分明显，常常表现出以自我为中心，不尊重他人意见；嫉妒心强、偏激功利、过于依赖；自卑退缩、内心不合群等现象。

（4）道德滑坡

大学阶段是人生观、价值观、道德观形成的重要阶段。大学生在网络社会中，容易出现道德滑坡，主要是由于网络具有去中心化、开放性、虚拟化等显著特点；同时网络世界还没有形成完善的道德规范与法律规范体系，而现实社会的传统道德规范并不适应网络社会环境。另外大学生自身缺乏社会经验和分辨力，也是引起道德弱化滑坡的重要原因。大学生网瘾者在网络道德意识、网络道德规范和网络道德行为等方面出现问题，主要表现有以下三个方面。

①道德相对主义的盛行和无政府主义的泛滥。大学生沉迷于网络容易失去理想和斗志，忘记追求学习目标，更不想对任何网络行为负责，这便直接成了后现代主义的最大"动力"。后现代主义摧毁了一切标准，奉行"什么都行"的主张，必然走向相对主义。道德相对主义提倡怎样的道德行为都行，无终极目标等，自然在网络社会为其生存提供了最适宜生长繁衍的领域。一些西方发达国家也在网上借"宗教问题""人权问题""民主问题"等攻击我国的政治体制，还竭力标榜其政治制度的合理性与完美性。受西方的价值道德观念、生活方式的影响，也造成了我国大学生道德价值观念冲突的加剧，进而直接导致了大学生在网络上放纵自己，忘记社会责任，丧失道德荣辱。在网络世界，大学生无须承担任何义务和责任，可以按照自己的原则（或不要原则）说任何话，做任何事。因而导致了无政府主义的泛滥。

②道德冷漠现象的发生。一方面网络拓宽了人们的交往空间，另一方面，网络关系取代了人与人之间的日常社会交往，带来了人们之间的道德冷漠。大学生终日与电脑终端打交道，沉湎于网络社会，使其与他人的直接交往机会大幅减少，容易导致大学生责任感下降，道德冷漠。

③严重的网络道德行为失范。伴随而来的越来越多的道德滑坡、情感冷漠、信仰危机和人格丧失，标志着一些人盲从与过分依赖网络而使其迷失了自我。由于网络立法和道德规范建设相对滞后，沉迷于网络的大学生会出现网络道德失范行为：一是网络犯罪。许多沉迷"黑客"角色的大学生，有时会非法潜入网络进行恶性破坏，蓄意篡改或窃取网络其他用户的个人资料，传播侵权或违法的信息甚至盗窃电子银行款项。二是网络色情和网络暴力。这引起了教育学家、心理学家和社会学家的广泛关注。

（5）人格异化

人格异化是指由于原有的人格模式不稳定，促使其发生状态变化的过程。网络有整合世界的功能，同时也有裂化自我结构的作用。而在现实生活中，每个人实现社会化的同时，其人格也随之发展完善。实现个体人格的发展完善，就是要把自己培养成为符合道德要求和社会规范，并能够胜任一定社会角色的社会人。虽然网络具有虚拟性、匿名性等特点，但对人的心理情感、道德认知及行为方式的影响却是不容否认的真切实在。大学生过度迷恋网络，长期生活在虚拟的环境中，淹滞在数字化的网络空间，势必会按照网络亚文化支配下的行为模式去组织现实生活方式和行为准则，最终导致心理层面的固定化和网络人格的异化。

由于长期生活在网络虚拟空间，大学生无法有效地实现现实世界和虚拟世界的社会角色互相转换。长此以往，大学生会逐渐失去对现实世界的感受能力和社会参与意识，形成软弱、虚幻、孤僻、冷漠的虚拟人格。一旦这种虚拟人格固定下来，就会造成大学生某种程度的人格分离。研究表明：网络虚拟空间的表现与现实生活中的表现具有强烈的反差，导致了双重人格。网瘾大学生会出现一些心理变化，如认知狭窄、歪曲、情绪波动、不可控性行为以及人格的改变等。

（三）大学生网络素养与思想政治教育的联系

1. 大学生思想政治教育的本质、地位和根本任务

（1）大学生思想政治教育的本质

马克思主义认为，事物的本质是事物的根本性质，决定了事物的性质、面貌以及发展等根本属性。目前学术界对思想政治教育的本质存在不同意见，陈万柏、张耀灿提出思想政治教育的本质包括两点，一是"意识形态的灌输和教化"；二是"通过提高人的思想道德素质为社会全面进步服务"[1]。思想政治教育是向社会成员传导和灌输主导意识形态的重要途径，教育者通过思想政治教育将社会的思想道德观念及其规范转化为受教育者个体的思想品德。意识形态灌输与教化的本质，决定了思想政治教育必须为社会的全面发展进步服务；而思想政治教育为社会发展进步服务，是通过提高社会成员的思想道德素质实现的。

---

① 陈万柏，张耀灿. 思想政治教育学原理 [M]. 北京：高等教育出版社，2016：56.

（2）大学生思想政治教育的地位

大学生思想政治教育的目的决定了它的地位。第一，对大学生进行思想政治教育是马克思主义理论教育的基本途径。通过系统的全面的思想政治教育，帮助大学生更加深入领会和把握马克思主义理论，使其树立正确的"三观"，掌握科学的认识论、方法论，提高大学生认识世界和改造世界的能力。第二，对大学生进行思想政治教育是做好建设中国特色社会主义中心环节。思想政治教育通过提高人的积极性、主动性、创造性，使人们更好地参与社会各方面的活动而作用于中国特色社会主义建设。第三，对大学生进行思想政治教育是社会主义精神文明建设的基础工程。思想道德建设需要思想政治教育来实现，社会主义社会精神文明建设的核心是思想道德建设。[①]

（3）大学生思想政治教育的根本任务

大学生思想政治教育的根本任务是：用马克思列宁主义、毛泽东思想和习近平新时代中国特色社会主义思想教育大学生，夯实大学生的思想政治素质基础，培养德智体美劳全面发展的社会主义建设者和接班人。第一，引导大学生树立崇高的理想信念。崇高的理想有助于大学生明确自身的人生定位和前进方向，并不断鼓舞其勇往直前。第二，帮助大学生养成健康积极的精神风貌。大学生有了积极向上的精神状态，就能刻苦学习、积极进取、不断发展和完善自己，就能克服安于现状、惧怕变革和拜金主义的思想。第三，培养大学生良好的道德自觉。良好的道德自觉体现在学习、生活的方方面面，有助于大学生自身的健康成长和社会的稳定发展。第四，增强大学生的法治观念。帮助大学生正确认识纪律和自由的辩证关系、民主和法治的辩证关系、权利和义务的辩证关系，树立明确的法治意识、法治观念，更好地建设社会主义法治国家。第五，提高大学生科学文化和知识素养。大学生个人全面发展体现在其具有较高的文化知识素养，大学生个人全面发展也需要掌握较高的文化知识水平。只有巩固好已掌握的知识并不断地学习新知识，才能在社会实践和自身发展中提供源源不断的动力。

---

① 吴旭坦. 论社会主义初级阶段人的全面发展 [D]. 长沙：湖南师范大学，2003.

2. 思想政治教育与大学生网络素养的联系

（1）思想政治教育为大学生网络素养提供理论遵循

思想政治教育为大学生网络素养培育提供指导，又是以大学生网络素养培育为归宿。提升大学生网络素养的目的与根本宗旨，就是要用思想政治教育方法论，向大学生灌输马克思主义基本理论，并引导他们确立坚定不移的正确的政治方向，主动积极、健康向上的思想观念和政治观点，确保中国特色社会主义事业不断前进。

对思想政治教育理论全面、系统、辩证地理解，包含了对中国特色社会主义理论的理解。大学生网络素养的研究，不仅丰富了思想政治教育理论，也是着眼于当前社会形势及经济的不断发展而发展的，是针对新问题并解决新问题的。所以，在马克思主义指引下，将大学生思想政治教育与大学生网络素养培育融合时，必须注重以习近平新时代中国特色社会主义思想为指导，并使思想政治教育理论真正成为中国教育学科建设与发展的强大思想武器和坚实的理论基础。

（2）大学生网络素养是新时代思想政治教育的重要内容

构建并不断完善发展新时代中国特色的思想政治教育理论体系，就必须始终坚定不移地以马克思主义理论为指导，必须对马克思主义理论有深入的理解，必须深刻地认识到马克思主义不是死板的教条，而是一种不断开拓进取、与时俱进的发展的学说。马克思主义理论已有一百多年的历史，虽然经历了起伏跌宕的历程，但是至今对世界仍有强大而深刻的影响。马克思主义之所以具有如此的影响，其原因有三个方面：一是在于马克思主义所体现的顽强的理论生命力，如唯物论、辩证法及其新时代的创新与发展；二是在于马克思主义理论所蕴含的积极正向的价值观，如反对压迫剥削、推进自由平等、解放全人类、实现人的全面发展；三是在于马克思主义理论所贯穿的彻底的批判精神，如其对自身理论不断地反省和发展。自从互联网在我国发展以来，网络对当代大学生的思想认识、行为习惯都产生了深远影响，使思想政治教育工作迎来了机遇与挑战。大学生思想政治教育必须要适应社会发展进程，不断探索、丰富和充实思想教育、政治教育、道德教育、法律教育等内容，加强网络知识与技能素养教育、网络信息甄别素养教育、网络道德素养教育及网络法律与安全素养教育等，以促进大学生的全面发展。网络所引发的思想观点、道德观念、价值体系及心理层面的矛盾与冲突，需要在新时代中国特色社会主义思想指导下予以纠正和解决。

二、大学生网络素养教育理论依据

理论依据是学科体系构建的基础，只有明确了大学生网络素养教育在理论体系当中的地位，从基本层面确定本研究的理论基调和切入视角，为后续的探讨奠定夯实的基础。尽管大学生网络素养教育是一门年轻的学科，但我们仍须对其进行理论探讨。毋庸置疑，马克思主义理论是思想政治教育学的根基，大学生网络素养教育必须以马克思主义理论为基础。同时，儒家的"慎独"思想、西方思想史上"道德自律"思想以及网络传播学、网络心理学、网络社会学等学科都是大学生网络素养教育的理论借鉴。

（一）大学生网络素养教育的指导理论

马克思、恩格斯生活在 19 世纪，虽然他们所处的年代或他们的一生中没有互联网、自媒体或微媒体等的使用或论述，但他们对人类发展和人性本质等的深入思考却永载史册。马克思和恩格斯关于人性本质等的深入思考，集中体现为马克思主义人学理论。马克思主义人学理论"以'现实的人'为思想起点，以人的本质为思想核心，以人的全面自由发展为思想归宿"[①]。其人学理论也能为大学生网络素养教育提供理论基础和思想指导，是大学生网络素养教育的指导理论。

1. 道德基础观

道德与人类精神自律的关系是马克思主义关于道德自律的基本观点。马克思曾提出："道德的基础是人类精神的自律，而宗教的基础则是人类精神的他律。"[②]一定程度上，此论句中马克思论述道德与宗教的最大不同之处在于"自律"。"道德的基础是人类精神的自律"也是马克思主义关

[①] 钟明华，李萍，等. 马克思主义人学视域中的现代人生问题 [M]. 北京：人民出版社，2006：4.

[②] 中共中央马克思恩格斯列宁斯大林著作编译局编译. 马克思恩格斯全集（第1卷）[M]. 北京：人民出版社，1995：119.

于道德的基础观的根本要点。透过马克思和恩格斯经典原著的阅读和理解，以及相关学者的剖析后获知，马克思的道德与宗教对立的思想源自康德、费希特和斯宾诺莎等思想家的观点。为何如此呢？原因是马克思和这些伟人的基本哲学立场等可能不同，但在道德领域，他们都坚持理性，都承认道德和宗教存在根本矛盾，相互对立，不可调和。他们"都从道德和宗教的根本矛盾出发，把道德和宗教对立起来"①，从而都认同"道德是独立的"，他们都强调道德理性，突出道德的理性本质，坚持以人类理性作为道德的首要原则。康德、费希特和斯宾诺莎等人都把理性的道德奉为理性的"世界原则"和"绝对命令"。马克思却是历史和辩证地分析"道德的基础"，从而成为此论述和哲学观点的集大成与发展者。

关于道德是独立的和人类理性对道德的重要意义，还可从马克思和恩格斯在他们著述中强调的实际生活和社会实践对于个人意识产生的重要性中得到印证。马克思和恩格斯曾指出："人们是自己的观念、思想等等的生产者……他们受自己的生产力……所制约。……人们的存在就是他们的现实生活过程。"②这样，马克思和恩格斯就非常明确地论述和阐明了人们的思想观念等与人的物质活动、交往等紧密相关。这些表述明确说明了理性的道德与实践过程之间的紧密关系。

马克思主义基本观点认为，道德与社会生活密切相关。恩格斯也曾非常明确地指出，人们总是"从他们进行生产和交换的经济关系中，获得自己的伦理观念"③。这说明，作为上层建筑重要内容或表征的意识形态也会受经济关系的影响，甚至是决定性的作用。正确认识利益与道德的特殊关系，即理解正确利益是客观基础，这与道德并不矛盾，我们就应按照全人类的利益来谋求和权衡他人的利益，即"正确利益的道德"必须符合人类社会发展规律。马克思也曾指出，人的本质"是一切社会关系的总和"④，

① 宋希仁. 论马克思恩格斯的自律他律思想 [J]. 马克思主义与现实，2014（2）：71.

② 中共中央马克思恩格斯列宁斯大林著作编译局编译. 马克思恩格斯选集（第1卷）[M]. 北京：人民出版社，1995：72.

③ 中共中央马克思恩格斯列宁斯大林著作编译局编译. 马克思恩格斯选集（第3卷）[M]. 北京：人民出版社，1995：434.

④ 中共中央马克思恩格斯列宁斯大林著作编译局编译. 马克思恩格斯选集（第1卷）[M]. 北京：人民出版社，1995：60.

这一论述也是关于人的本质理论的经典表述。因此，道德主体要促进自我完善和社会进步，就应根据对客观规律的正确认识，认同和遵循道德规范，适时调整个人与社会的关系。

早在互联网诞生前的一个世纪，马克思和恩格斯就曾强调实际生活和实践过程对于个人意识产生的重要性，另一方面也折射出个人意识对于个人行动的反作用。正是基于此，"道德的基础是人类精神的自律"是网络道德教育的基石，是探究自律之于虚拟空间中人们道德基础的出发点。

2. 人的本质论

马克思主义在其人性观的表述中，明确地表明人有两种属性，即自然属性和社会属性。并进一步说明，人的存在，或说人类之所以是人类，是因人拥有社会属性而不是自然属性的原因，人性（或说人的本质）是由人的社会属性决定的。马克思主义关于人的本质理论，可概括为以下三个方面。

（1）人的劳动是人区别于动物的一般本质

马克思在《资本论》中对人的本质做了一般论述，其中指出，人的本质有两个不同的层次，其一是一切人所共有的本性或"人的一般本性"；其二是不同的历史时期，甚至同一时期但在不同社会阶层，人们都具有特殊性或"每个时代历史地发生了变化的人的本性"[①]，即人的具体本质。在人的本质的两个层次中，最基本的是人的一般本性。在人的一般本性或人的共有本性中，人区别于动物的或高于动物的关键是人比动物有更为丰富的生命活动内容和生命活动意义，其中人的劳动是决定性因素。马克思曾说"人类的特性恰恰就是自由的自觉的活动"[②]。从而指出人之所以具有特殊性，就在于其社会实践（即劳动）的程度，也就明确说明劳动是人的本质。后来恩格斯也明确说道："人类社会区别于猿群的根本特征在我们看来又是什么呢？是劳动。"[③] 由此更进一步明确地说明，人的劳动是人区别于动物的一般本质。

---

① 中共中央马克思恩格斯列宁斯大林著作编译局编译. 马克思恩格斯全集（第44卷）[M]. 北京：人民出版社，2001：704.

② 中共中央马克思恩格斯列宁斯大林著作编译局编译. 马克思恩格斯全集（第42卷）[M]. 北京：人民出版社，1979：96.

③ 中共中央马克思恩格斯列宁斯大林著作编译局编译. 马克思恩格斯选集（第4卷）[M]. 北京：人民出版社，1995：378.

（2）社会关系的特殊性促成人的具体差异

劳动是人与动物的主要区别，是人的本质。既然劳动是人区别于动物的一般本质，那么人与人为何有差异而且有的还非常之大，何以至此？其实，马克思在《关于费尔巴哈的提纲》中就曾说过，人是现实社会生产中各种社会关系的集合体，即"人的本质……是一切社会关系的总和"①。这可以从以下几个方面去理解。

"社会关系"或"人的本质"是相对具体的。这也说明人所在时代、阶级等"社会关系"都有其特殊性，都对人的本质有影响。为什么会得出如此结论或观点？我们可以从马克思对费尔巴哈关于人的本质的批判中可见一斑。费尔巴哈认为"人的本质"是抽象的，认为人的本质在于其"类本质"，即抽象的、共同的、同一性。马克思在综观和辩证地考察不同历史时期和不同社会阶级或社会阶层对人成长发展的影响后，从而形成人的本质是"一切社会关系的总和"这一经典论述。人的本质即是由特定社会关系所决定的，其真实意义是由不同时代、社会、阶级所决定的，从而也决定了它的特殊性。

人的本质在于其社会关系的广泛性。人的社会关系是由后天获得而不是先天的。每个人，当他来到这个世界，就会存在于一定的社会关系中。一个人从出生起，就处于一定的家庭关系中。随着年龄的增长，他与社会的接触越来越多，其社会关系既有血缘关系，又有地缘关系、政治关系等。社会关系的广泛性和多样性，都会在人的本质特征上留下烙印。

人的本质处于不断发展之中，即人的本质具有发展性。人从出生时就处于一定的家庭关系中，随着个体的年龄增长和不断成长，其社会关系又会有政治关系、法律关系等。由此可见，人的社会关系会随着其成长而不断发展和增多，这也说明人的社会关系不是固定不变的。相应地，人的本质会随着人的社会关系的丰富而不断丰富和发展，人的本质处于发展中，具有历史性。

（3）社会在发展，人的需要在发展

人有需要是人的本质，满足人的需要是体现对人的本质观照的高级形

---

① 中共中央马克思恩格斯列宁斯大林著作编译局编译. 马克思恩格斯选集（第1卷）[M]. 北京：人民出版社，1995：56.

式。这一界定也说明该表述具有深刻内涵和广泛外延，是相对于此前两个界定的较高层级而言的。正因为人有需要，应该满足人的需要，这就在一定程度上要求或决定了人的使命，那就是要尽量或务必去达成这一任务。马克思和恩格斯非常明确地指出，作为一个确定的人，真正的人，应有一种使命或者有一个任务，那就是"这个任务是由于你的需要及与其现存世界的联系而产生的"①，这不会因你不知道或者没有意识到而改变这一客观事实。

其次，需要或说满足人的需要就成为人类劳动或实践创造的内驱动力。马克思、恩格斯认为，正因为人有需要，才有人类的物质生产、社会实践和交往活动。正是因为人有对服装、食品、住房、交通、交往等的需要，为解决这些问题，为满足这些需要，人类才不断劳动或进行社会实践。这也成为推动人类社会不断向前发展的不竭动力和力量源泉。因此，人的需求是通过劳动创造而得以达成或得以解决的。这也说明人的需要会随着人类社会实践的发展而不断发展。这也是维系人类不断发展和发生彼此联系的重要原因。在《德意志意识形态》中，两位伟大的革命先驱马克思和恩格斯认为，正是由于人类有需要才把他们相互联系起来，"由于他们的需要即他们的本性，以及他们求得满足的方式，把他们联系起来（两性关系、交换、分工），所以他们必然要发生相互关系"②。这也再次说明，"正是个人相互间的这种私人的个人的关系，他们作为个人的相互关系，创立了——并且每天都在重新创立着——现存的关系"③。这也进一步说明人的需要是人一切社会实践活动和社会关系存在的基础。

马克思主义关于人的本质理论对大学生网络素养教育有重要的指导意义。只有准确理解或体会人的本质论的深层内涵，受教育者才能从具体和历史的人的角度去准确理解和把握各种社会现象和历史事件，而不被某些表象迷惑或困住。微博、微信等微媒体活动能够满足大学生人际交往、情

---

① 中共中央马克思恩格斯列宁斯大林著作编译局编译. 马克思恩格斯全集（第3卷）[M]. 北京：人民出版社，1960：329.

② 中共中央马克思恩格斯列宁斯大林著作编译局编译. 马克思恩格斯全集（第3卷）[M]. 北京：人民出版社，1960：514.

③ 马中共中央马克思恩格斯列宁斯大林著作编译局编译. 克思恩格斯全集（第3卷）[M]. 北京：人民出版社，1960：515.

感交流等多方面需要，有利于其"占有自己的全面的本质"①。大学生是网络素质教育的主要对象，对于高校德育工作者而言，学习、研究和正确理解人的本质，将有助于客观分析和理解大学生的思想发展、行为表现的内在规律，帮助教育者有针对性地引导和规范大学生网络道德实践。只有始终坚持和客观把握马克思主义的人的本质论，教育者才能科学把握和正确理解受教育者的思想特征和行为表现，才能有助于教育者科学引导和有效帮助大学生世界观和人生观等的正确形成和良性发展。

3. 全面发展观

马克思和恩格斯在他们的不同著述中认为，人类社会发展的理想目标就是人的全面发展。他们认为，资本主义的确存在异化劳动，只有共产主义才有助于"人以一种全面的方式，就是说，作为一个总体的人，占有自己的全面的本质"②。在《共产党宣言》中，两位伟大的革命先驱马克思和恩格斯认为："每个人的自由发展是一切人的自由发展的条件。"③从马克思关于人的全面发展的经典论述，再结合现代学者的理解，我们可以认为，人的全面发展是个人"在社会关系、能力、素质、个性等诸方面所获得的普遍提高和协调发展"④。因此，此处关于人的素质、能力等所有方面的综合而全面的发展，有相对于人的片面和畸形发展而言之意。在马克思和恩格斯的论述中，我们还可以推出，人的全面发展包括全体社会成员的充分发展。当然，全体社会成员的充分发展是相较于个别人或少数人的发展而言，全体社会成员的充分发展也区别于部分人的发展。由此，我们更加敬佩马克思、恩格斯早在一百多年前对人的全面发展理论的贡献，其内涵意义还可概括如下。

首先，人的全面发展是人的智力、体力等的全面而充分的发展。人的

---

① 中共中央马克思恩格斯列宁斯大林著作编译局编译. 马克思恩格斯全集（第3卷）[M]. 北京：人民出版社，2002：303.

② 中共中央马克思恩格斯列宁斯大林著作编译局编译. 马克思恩格斯全集（第3卷）[M]. 北京：人民出版社，2002：303.

③ 中共中央马克思恩格斯列宁斯大林著作编译局编译. 马克思恩格斯选集（第1卷）[M]. 北京：人民出版社，1995：214.

④ 王双桥. 人学概论[M]. 长沙：湖南大学出版社，2004：395.

发展是"作为目的本身的人类能力的发展"①。马克思在此处特别指出，人的能力的全面发展，即发展人的体力和智力等。在实践活动中发挥他的全部才能和力量，也就是说，只有全面发展的人，才能够适应科学技术基础的不断变革和劳动变换。恩格斯在《反杜林论》中认为，在共产主义社会，劳动是对异化劳动的否定。生产劳动即社会物质生产"给每一个人提供全面发展和表现自己全部的即体力的和脑力的能力的机会"②，是扬弃了异化的自主性活动。在《政治经济学批判》中，马克思指出，人们通过劳动就可以把沉睡于体内的体力和智力充分而自由地发挥出来，生产劳动是被看作个人提出的目的，因而被看作自我实现，也就是实在的自由，即"他使自身的自然中沉睡着的潜力发挥出来，并且使这种力的活动受他自己控制。"③

其次，人的全面发展也包括人们所在社会关系中的充分而健康的发展。社会关系是个人与个人、个人与群体、群体与群体等相互之间在物质生产劳动过程中所结成的各种关系的总称，也包括经济关系、政治关系等。马克思指出，人的发展与社会关系的发展具有密切的关系，社会关系的发展程度影响或决定着人的发展，也就是马克思所说的"社会关系实际上决定着一个人能够发展到什么程度"④。马克思和恩格斯在《共产党宣言》中，更加明确地强调，人的意识会随着"生活条件""社会关系"和"社会存在的改变而改变"，并且反问道"这难道需要经过深思才能了解吗？"⑤最后得出，在未来的社会主义高级阶段，即在共产主义社会中，"每个人的

---

① 中共中央马克思恩格斯列宁斯大林著作编译局编译. 马克思恩格斯全集（第25卷）[M]. 北京：人民出版社，1974：927.
② 中共中央马克思恩格斯列宁斯大林著作编译局编译. 马克思恩格斯选集（第3卷）[M]. 北京：人民出版社，1995：644.
③ 中共中央马克思恩格斯列宁斯大林著作编译局编译. 马克思恩格斯全集（第23卷）[M]. 北京：人民出版社，1972：202.
④ 中共中央马克思恩格斯列宁斯大林著作编译局编译. 马克思恩格斯全集（第3卷）[M]. 北京：人民出版社，1960：295.
⑤ 中共中央马克思恩格斯列宁斯大林著作编译局编译. 马克思恩格斯选集（第1卷）[M]. 北京：人民出版社，1995：291.

自由发展"才能"是一切人的自由发展的条件"①。这就是说,在共产主义社会里,克服了个人和社会的对抗,社会的发展不再以牺牲个人的发展为条件,而是以保证个人的充分发展为条件,以保证个性发展的丰富性来实现社会共性的丰富性。强调个人的发展是受社会制约的,是离不开集体的。这种观点也可以在他们合著的《德意志意识形态》中得到证实。马克思、恩格斯认为:"只有在集体中,个人才能获得全面发展其才能的手段,也就是说,只有在集体中才可能有个人自由。"②

最后,人的全面发展是人类需要(也包括实现需要的过程)的全面发展。这就意味着,人的全面发展会随着人类生存和公民成长等需要体系的发展而不断发展。两位伟大的先驱也非常明确地指出,人的"需要即他们的本性"③,意即全体人类或每个公民个体的合理需要不仅正常而客观,也是应该得到理解和支持的,这也是人类或公民的正当权利。人的需要有多样性,人的需要得到满足后,又会产生新的需要,也就是马克思所说的"已经得到满足的第一个需要又引起新的需要"④。所以,需要就成为人类一切活动的动力,即一个需要的获得或满足后,人又会产生新的需要。正因为人的需要的不断获得和新的需要的产生,才使得人类社会不断更新,促使人去不断发展自己。这也印证了人的全面发展是人的需要的全面发展。

马克思主义关于人的全面发展理论对大学生网络素养教育具有重要的指导意义。创造条件帮助或促成每个公民的全面发展是马克思主义全面发展观的最高价值追求。马克思关于人的全面发展学说是我国教育实践和教育研究的理论基石。我国思想政治教育学界泰斗张耀灿先生等人认为:"马克思主义全面发展学是我们确定教育方针、教育目的和思想政治教育任务、

---

① 中共中央马克思恩格斯列宁斯大林著作编译局编译. 马克思恩格斯选集(第1卷)[M]. 北京:人民出版社,1995:294.

② 中共中央马克思恩格斯列宁斯大林著作编译局编译. 马克思恩格斯全集(第3卷)[M]. 北京:人民出版社,1960:84.

③ 中共中央马克思恩格斯列宁斯大林著作编译局编译. 马克思恩格斯全集(第3卷)[M]. 北京:人民出版社,1960:514.

④ 中共中央马克思恩格斯列宁斯大林著作编译局编译. 马克思恩格斯选集(第1卷)[M]. 北京:人民出版社,1995:79.

目标的重要理论根据。"[1]因而它对大学生网络素养教育具有重要的指导意义。

首先，促进人的全面发展是我国的教育目标，帮助大学生实现全面发展也是高校进行大学生网络素养教育的目标与最终归宿。大学生网络素养教育的主要任务是利用网络阵地，做好大学生的思想道德教育、引导和教化，帮助大学生发挥主动性、自主性和创造性，实现他们的德、智、体、美、劳的全面发展，帮助他们形成正确的道德观、价值观和审美观等。因此，大学生网络素养教育的发展必须以促进大学生的全面发展为目标。大学生网络素养教育应丰富、发展和尊重他们在虚拟空间和现实生活的社会关系，要有助于拓宽他们的视野，满足他们的需求。大学生网络素养教育应尊重和发挥大学生的主体性、主动性和创造性，实现他们的全面发展，帮助他们成为合格的建设者和可靠的接班人，最终实现社会主义国家的教育目标。

其次，人的全面发展的理论有助于指导和促成虚拟空间人的全面发展。人的全面发展应该包括人在虚拟环境中的全面发展，而不仅仅只要求人在现实社会中的全面发展。也可以说，人的全面发展不仅应包括现实社会德、智、体、美、劳的全面发展，也应包括虚拟社会中德育、智育等的全面发展。网络时代以其广阔的空间和丰富的资源，恰恰有助于大学生形成内涵丰富的自我，促进大学生更好地实现自我发展等。高校和社会应正视网络新媒体的发展态势，看到它的积极作用，主动地推动和引导，更好地帮助学生成长成才，促进学生的全面发展。

（二）大学生网络素养教育的理论借鉴

1. 儒家的"慎独"思想

习近平同志曾强调，要"继承和发扬中华优秀传统文化和传统美德……积极引导人们讲道德、尊道德、守道德"[2]。党和国家领导人关于中华优秀传统文化与传统美德的精确论述，指明教育者要注重从我国优秀的传统文化中发掘思想道德教育资源，这不仅能丰富高校思想道德教育内容，也能

---

[1] 陈万柏，张耀灿. 思想政治教育学原理 [M]. 北京：高等教育出版社，2016：36.

[2] 习近平. 把培育和弘扬社会主义核心价值观作为凝魂聚气强基固本的基础工程 [N]. 人民日报，2014-2-26.

夯实高校的思想道德教育根基。在中华传统文化中，道德的价值至高无上，尤其强调崇德弘毅及正己修身，其中以儒家"慎独"为代表。

（1）儒家"慎独"修身思想的道德内涵

"慎"，从字的结构上看，"慎"为左右结构，左边为"心"，右边为"真"，有从"心"、从"真"之意，即"心真"，保其真心。据《说文解字》，"慎，谨也。"意为谨慎、慎重。另据《尔雅·释话》，"慎，诚也。"《中庸》中写道："诚者，天之道也；诚之者，人之道也。"意为，实实在在，真实而无虚假是自然规律，真诚无妄是做人的原则，因此不可自欺，不可欺人。"独"，《广雅·释话》中说道"特，独也"，亦指"未发"，既指时间和空间上的单独、独处，又指精神或个性的特质。

我国是一个传统文化深厚的国家，作为儒家思想影响深远的国度，"慎独"有着丰富的道德内涵。我国历史上不同时期许多重要的儒家经典曾多次出现"慎独"。春秋时期"慎独"思想萌芽。孔子作为儒家思想的创始人，他一生倡导"克己复礼"。人应该成为"君子"，也要追求成"圣"成"贤"。在日常生活或社会中应以自身为本，要修己、诚信和尽心。人若想成为"君子"，就要不违仁道。其弟子曾子也有每天要"三省吾身"之说。孟子也强调"反身而诚，乐莫大焉"，认为道德修炼主要是自省。"慎独"思想的正式提出当属西汉时期编撰的《礼记》，其中有对"慎独"的明确表达，该书也被认为是"慎独"思想明确提出的最早文集。《礼记·中庸》中提出："天命之谓性，率性之谓道，修道之谓教。道也者，不可须臾离也。可离，非道也。是故君子戒慎乎其所不睹，恐惧乎其所不闻。莫见乎隐，莫显乎微，故君子慎其独也。"强调的是个人在没有外在监督的环境下，要坚持自己的道德意志，谨慎而不放纵。《礼记·大学》更是认为："所谓诚其意者，毋自欺也。如恶恶臭，如好好色，此之谓自谦。故君子必慎其独也。"此处的"慎其独也"，即"慎独"，指独自面对自己的内心，意即扪心自问，真诚面对自己。

"慎独"在正式提出后，在我国历史上曾出现许多仁人志士，他们既有精湛的文学才华，又有"修身""齐家"和"治国"等的社会理想。他们对崇德修身思想中的"慎独"思想论述也极为丰富。曹植曾提出："祗畏神明，敬惟慎独"（《卞太后诔》）。南宋的叶适也曾说："慎独为入德之方"(《习学记言序目》)。宋朝的范浚也论述道:"知善之可为而勿为,是自欺;知不善之可恶而姑为之,是自欺……未能欺而先自欺,几何不陷于大恶邪……是以古之学者必慎独。"(《香溪文集 · 慎独斋记》)。也就是说,只有注重自身的道德修养,不放纵、蒙蔽和欺骗自己,注意尊重和不欺骗他人,才可以做到"慎独"。只有谨慎、诚信和为善,不放纵自我,才能做到不会犯思想和行为上的大错误,即不会陷于大的罪恶。宋代理学大师朱熹等人更是提出"存天理,灭人欲",成为他"慎独"思想的精髓。"存天理,灭人欲"思想强调要灭绝一切欲望,独善其身。明代王阳明更是明确地提出"慎独"精神应是知行合一、诚意正心,磨炼意志,克制行为,才能真正地做到"慎独"。

新民主主义革命时期,1939 年 7 月,刘少奇同志在延安马列学院和中央党校的讲课稿《论共产党员的修养》中提出,"慎独"应作为共产党员必备的修养和品格,提倡"慎独"应作为党性修养的有效形式和最高境界。他指出,共产党员"即使在他个人独立工作、无人监督、有做各种坏事的可能的时候,他能够'慎独',不做任何坏事"[①]。党员干部都要努力做到"慎独",这也是我们党和国家较早提出共产党员也要注重"慎独"的观点,应将"慎独"作为思想道德修养的基本方法,应将"慎独"作为共产党员的基本价值遵循。

总之,"慎独"的意蕴,总结起来可概括为个人要磨炼自己的意志,克制和约束自己的行为,尤其是当他独处或无人监督时,仍要自我约束和控制,坚持自己的道德意志,谨慎而不放纵,做到律己、诚己和完己。律己强调的是无人监督时仍能按照社会要求去做,诚己强调要做真实的自己,完己强调个体要不断地完善自我。

(2)"慎独"对于大学生网络素养教育的思想借鉴

"慎独"是我国传统文化崇德修身思想中一个非常重要的加强自我修养的方法,也是实现崇高道德境界所需的自身素养,是一种"理性的自律"。培养大学生的自律意识,教育引导大学生道德自律,是新时空境遇下大学生网络道德教育的重要目的之一。"慎独"作为我国传统文化中崇德修身

---

① 刘少奇. 刘少奇选集(上卷)[M]. 北京:人民出版社,1981:133.

思想中的重要修身方法，它的内涵对网络道德教育有着其现代价值和重要作用。

体用"慎独"思想，以促进受教育者自我约束和教育。微时代，信息随时都可发布，瞬时被人获悉。信息的扩散是典型的多级传播。在如此背景下，网络主体更要自觉地运用自己的道德意志控制自己的行为，言行中坚持道德原则和道德规范。"道也者，不可须臾离也"，道德德性获得是要通过后天的实践并形成习惯而逐步养成的。道德需要"学"，同时也需要"习"。网络虚拟空间大学生"慎独"自律意识的培育，既需要大学生的自我约束和感悟，也需要外在的养成教育的引导。

我们要培养受教育者的道德自我约束力，要培养他们自觉地用道德行为在网络时代的时空场域中进行对接。网络时代的思想政治教育工作者，应加大对受教育者的"慎独"精神宣传和教育，充分利用网络新媒介的便捷传播条件，对受教育者进行"慎独"教化，让受教育者树立"慎独"意识，由接受"慎独"精神到践行"慎独"行为。

促进"慎省"，健全受教育者自我约束的监督机制。个体在充分享受自由的同时，更容易忘记道德义务和责任。"慎省"要求网络主体在行为前认真考虑和思量，行为中对于不当行为或失范行为要及时调整和纠正，敢于承认错误。

实现"慎独"，还需要道德监督和法律约束。在虚拟空间中，一定的道德规范是制约网民利用微媒体传播和获取信息的行为标准，同时又能为虚拟空间中网民的相关行为进行判断和评价提供标准。有人存在的地方就需要有道德规范的约束和评判。因而，在网络空间中，面对海量的信息和便捷的传播条件，人人都应坚持"慎独"，每个网民都需要坚守内心的道德规范。法律是道德规范的基准。现实社会的法律法规，应对网络社会的新样态做出应有的回应，尽可能制定和完善相应有针对性的条文，实现社会调控手段在虚拟空间中的应有功能，帮助网民做到"慎独"。因而，针对网络时代的特殊性，虚拟空间的道德规范和法律标准还应与时俱进，不断发展，以适应网民"慎独"和虚拟社会良性发展的需要。同时，针对虚拟空间的特殊性和青年大学生人生观、世界观等处于形成和定型的关键期的实际，还应加强对青年大学生网络法律法规的教育和引导。

2. 西方思想史上的"道德自律"思想

（1）西方"道德自律"的代表观点

西方对道德自律的讨论较早，代表性人物和观点较多，也比较成系统。"自律"和"他律"，作为重要的哲学概念和伦理学范畴，相关论述较多。关于西方道德自律的思想，主要从功利主义的伦理道德思想、义务论伦理道德思想和权利论伦理道德思想的典型代表中进行分析。

①功利主义伦理道德思想

功利主义是近代资本主义大工业和商品经济的产物，产生于18世纪末19世纪初，当时的社会文化奉行个人主义的道德精神，强调民主和自由，也希望社会公正。功利主义是当时众多伦理学说中最有影响的学说之一，它强调以行为目的、行为结果或行为效果来考量和确定行为的价值。这些学说被统称为"目的论"（从希腊语的"telos"一词派生而来，"telos"的意思是"目的"），或者称为"效果论"。[①] 经典的功利主义伦理道德思想的代表人物是英国的杰里米·边沁与约翰·密尔。杰里米·边沁（Jeremy Bentham，1748—1832年）是英国著名的哲学家、法理学家和经济学家。边沁的功利主义思想代表作是其1881年出版的《道德与立法原理》。约翰·密尔（John Stuart Mill，1806—1873年），也译作约翰·穆勒，英国著名的哲学家、经济学家和心理学家。密尔的功利主义伦理思想发展的最高点是他1863年发表的《功利主义》一书。

功利主义思想认为，追求幸福是人类行为的本质，追求幸福就是人类行为的内生动力。另一方面，规避苦难也是人类行为的自然天性。由此也可以推导出，人类的正当行为可以带来幸福和快乐，不当行为就会产生苦难和不幸福。人们为避免不幸福，就应该采用正当行为而避免不当行为带来的麻烦。密尔认为："承认功用为道德基础的信条，换言之，主张行为的是与它增进幸福的倾向为比例；行为的非与它产生不幸福的倾向为比例。"[②] 功利主义思想认为，预测人们行为的目的可以归结如下：人们之所以行为是为追求幸福和快乐，人们之所以行动是为寻求那些能够带来幸福

① [美]汤姆·L.彼彻姆.哲学的伦理学——道德哲学引论[M].郭夏娟，李兰芬，雷克勤，译.北京：中国社会科学出版社，1990：108.

② [英]约翰·穆勒.功利主义[M].徐大建，译.北京：商务印书馆，2019：7.

或导致幸福的东西。密尔同时认为，精神享乐比物质享乐更高尚。功利主义的道德原则之一应是为了最大多数人的最大幸福。密尔认为，利他行为可以带来幸福，行为产生幸福与否的评判标准是行为对于他人而非仅给个体自身的幸福。人类幸福与否需要个体的利他精神，而个体的利他精神需要培育。他认为："行为上是非标准的幸福并不是行为者一己的幸福，待人像期望人待你一样，做到这两件，那就是功用主义道德做到理论的完备了。"①此外，关于自我幸福和他人幸福的关系，以及如何采取行为才能做到自我幸福与他人幸福的完美统一，米尔认为，人们的最大幸福应该在有利于自己的同时也有利于他人，给自己带来幸福也不损害他人的利益或破坏他人的幸福的行为才是最恰当的行为。边沁也认为："社会利益是组成社会之所有单个成员的利益之总和。"②按照功利主义，个体在道德选择时都要考量自己行为所带来的可能后果，不仅要考量当事人利益的影响，而且还要考量某行为对所有影响者的利益。

②义务论伦理道德思想

义务论伦理道德思想的代表人物是德国的康德和英国的罗斯。伊曼努尔·康德（Immanuel Kant，1724—1804年），德国乃至世界著名的思想家和哲学家，他的代表性著作有《实践理性批判》和《道德形而上学原理》等。康德的义务论伦理思想主要在这两部著作中得到了系统的阐述。

自律与他律是康德论述较为典型的一对哲学和伦理学范畴，他认为，意志的自律是一切道德法则所依据的唯一原理。在目的的国度中，人就是目的本身。人作为理智世界的成员，只服从理性规律。由此认为，道德是自律的。理性"作为实践能力，它的使命不是去完成其他意图的工具，而是去产生在其自身就是善良的意志。"③同时他主张："人作为感性世界的成员，服从自然规律，是他律的。"④除了道德原则的意志（即自律）之外，同时也存在此外的道德约束（即他律）。康德的道德哲学强调使用道德责

---

① ［英］约翰·穆勒. 功利主义 [M]. 徐大建，译. 北京：商务印书馆，2019：7.

② ［英］杰里米·边沁. 道德与立法原理导论 [M]. 时殷弘，译. 北京：商务印书馆，2000：32.

③ ［德］康德. 实践理性批判 [M]. 邓晓芒，译. 北京：人民出版社，2003：76.

④ ［德］康德. 道德形而上学原理 [M]. 苗力田，译. 上海：上海人民出版社，2005：76.

任和规则来约束自己，即道德自律。如果通过外在约束而起决定或受影响的道德行为，就属于道德他律。这种思想或观点，也正是康德道德哲学和伦理思想的核心。

善良意志是康德伦理思想的核心概念，也是他关于义务论伦理思想的重要命题。康德认为，人们要有理性和道德，就必须要有道德行为和善良意志。在康德看来，意志本身的善才可以称为善良意志，也就是现存世界中没有附加条件的善，即来自意志本身的善才是善良意志。如果没有善良意志控制人的思想和行为，人的品行就可能变得非常恶毒和有害。如果没有善良意志去指引人们正确理解他人的思想和行为等外界事物，那本来正常的权力、财富、健康等外界的客观存在，也可以让人变得傲慢，反而导致或成为邪恶的事情。康德认为，义务的概念含有善良意志，只有义务的行为和善良的行为才是道德的行为。总之，康德义务论伦理思想的核心观点认为，只有切实履行他自身的职责（即完全出于义务），才可以是出于善良意志的行为，才是道德的行为。

康德认为义务非常简单，只要做到出于善良意志和遵守道德准则就行。康德认为，人们（包括他自己）不应该采取行动，除非是出于有善良意志和遵守道德准则。因此，真正的道德责任的考验就在于我们的行为准则是否具有普遍性。人生来就有良心，我们必须服从自己的良心。康德认为，道德法则对所有理性的生物都有着无条件的约束力。善良意志和遵守道德准则也是"绝对命令"，这也是检验和考察某行为对与错的"道德引导"标准。某行为如果通不过"普遍性"的检验，那它就是不道德的行为，人们就有义务停止或避免发生这个行为，故而绝对命令能告诉我们的行为在什么时候是道德的行为和如何采取道德的行为。康德认为，不管你自己还是别人，都应该把他人当成行为的目的，也就是在尊重和重视他人的存在后再采取行动。简而言之，人们发起的行动或采取的行为不能牺牲别人的利益，不能超越他人的价值存在。康德认为，这个原则可以概括为"尊重"。尊重他人，也是尊重我们自己。客观世界之所以存在，就是因为人们之间有尊重和理性，因为现存世界的所有人都像我们一样有理性和自由。

戴维·罗斯（David Ross，1877—1971 年）是英国著名伦理学家。罗斯以义务为基础的伦理学思想，是一种对于自明的义务充分阐明的义务论，可以看作对康德义务论思想的发展。罗斯义务论伦理思想的代表作是《正当与善》。

罗斯既坚持了非功利主义的义务论立场，又发展了康德义务论伦理思想。罗斯提出了"不言而喻的义务"，即"自明义务"。具有自明义务特征的行为才是"恰当义务"。"恰当义务"的行为能代表某一类行为特征，是独立于个人看法（即客观）的义务，还没有其他的自明义务和它冲突。

罗斯列举了七类自明义务，包括：a. 忠诚——如果我们对他人有所承诺，就有遵守诺言的自明义务。b. 补偿——如果我们曾经伤害过别人，就会产生补偿他人的自明义务。c. 感恩——如他人曾经对我们有所帮助，因此我们对施恩者具有感恩的自明义务。d. 正义——我们有自明义务要实践正义。e. 慈善——如果对我们的损失不是很大，在道德上我们有自明义务应该助人，这个自明义务表明，道德要求每一个人都要有起码的慈善表现。f. 自我改善——每一个人都可以借由自己的德行和智力改善自我条件的事实。g. 不伤害别人——由于我们不希望自己被别人伤害，所以也会有不应该去伤害别人的自明义务。罗斯还认为，在这七类自明义务发生冲突时，某些义务有优先权，如"不伤害他人"这个自明义务比"慈善"或"帮助他人"的自明义务更为严格，即当 e 和 g 发生冲突时，g 应优先。

③权利论伦理道德思想

以权利为基础的伦理学理论关注人的个人权利，重视道德原则。代表人物是罗尔斯。约翰·罗尔斯（John Bordley Rawls, 1921—2002 年）是美国政治哲学家、伦理学家。罗尔斯继承了霍布斯和洛克等人的思想，关注个人权利，强调权利是道德的基础。他认为合法行为应是与尊重人的权利和自由相一致的行为。罗尔斯强调公平正义，他认为公平正义是最重要的社会品德。罗尔斯认为："正义是社会制度的首要美德。"[①] 他甚至说："每个人都拥有以正义为基础的不可侵犯性。"[②] 罗尔斯的正义观认为，为谋求自我的最大利益而损害他人利益与自由的行为是不当的。在公正的社会中，平等公民自由被认为是不可改变的权利。

---

① [美]约翰·罗尔斯. 正义论[M]. 何怀宏，何宝钢，廖申白，等译. 北京：中国社会科学出版社，1988：7.

② [美]约翰·罗尔斯. 正义论[M]. 何怀宏，何宝钢，廖申白，等译. 北京：中国社会科学出版社，1988：8.

罗尔斯提出，人拥有"平等自由"的权利，也拥有"机会均等"的权利。"平等自由"与"机会均等"是罗尔斯提出的两项最核心的正义原则。他认为的"平等自由"权利原则是指"每个人都有一个最广泛和平等的自由基本权利"，而"机会均等"的权利原则是"依系于在机会公平平等的条件下职务和地位向所有人开放"①。

对应于两个正义原则，有两个优先规则。第一优先规则为自由的优先性。自由的优先性的核心思想是任何人都有基本自由权，这种基本自由权不能以社会利益或集体利益为由而被剥夺。"尊重人就是承认人们有一种基于正义基础之上的不可侵犯性"②。第二优先规则为正义对效率和福利的优先性，即正义优先于效率和福利。就效率或功利自身来说，是非自足和不充分的。任何一种社会或制度，若要维持和提高其效率，都是与某种最低限度追求的正义价值分不开的。

（2）西方"道德自律"思想对网络素养教育的启迪

①功利主义伦理道德思想启示我们在对各方利益的考量中应选择最优方案。比如，严格的知识产权保护，一方面可以保护知识产权所有者的积极性，激励他们进一步进行知识与技术的创新；另一方面也可以调动他们进行创新的积极性。因此，知识产权的强化保护方案就必然会导致有益于社会进步的结果。再比如，功利主义强调趋乐避苦是人的天性，由此显示：青年学生追求自由、通过网络或其他新媒体扩大交流和交际面，适度地使用有助于他们进行身心调节，增加他们交流和表述诉求的机会，作为教育者，要顺应时代发展，正视新媒体对青年学生的影响，利用新的媒介开展教育，利用新的平台，同时也要注意网络空间的净化，加强网络社会管理，传递正能量。

②应当使每个网络道德主体懂得尊重。康德认为，"心中的道德律"和"头上的星空"一样，"越是经常持久地凝神思索"越易让人"内心充满常新

---

① [美]约翰·罗尔斯. 正义论[M]. 何怀宏，何宝钢，廖申白，等译. 北京：中国社会科学出版社，1988：302.

② [美]约翰·罗尔斯. 正义论[M]. 何怀宏，何宝钢，廖申白，等译. 北京：中国社会科学出版社，1988：573.

而日增的惊奇和敬畏"①。在康德看来，人作为一种理性的存在物，其行为只有在道德律令下行动，才能成为自由的人、真正的人。每一个网络道德主体都应该意识和做到对道德或道德规范的追求和尊重。对道德或道德规范的尊重是我们在网络社会中获得真正自由的唯一途径，也是使虚拟空间成为有序空间的根本要求。康德的伦理思想提出要懂得尊重别人和社会。康德的"绝对命令"的普遍性要求我们每一个网络道德主体应思考并反思自己的网络活动，要求我们每一个微媒体的使用者，都应从与他人或社会的关系中来考虑个体的行为。尊重他人，尊重他人的人格、权利与利益，是每一个网络道德主体在网络行为选择时必须思考的问题。

③微空间或虚拟空间中所有的个体都应该清楚地意识到自己的道德责任，做到如罗斯所提出"自明的义务论"中的七项基本道德表现。所有微民都应当懂得感恩与仁慈、正义与守信。作为一般的网民，应避免利用计算机或网络侵害他人，这也是每一个网络道德主体自明的基本道德责任。在微媒介构筑的虚拟时空中，我们不希望被别人伤害，我们也不应该去伤害别人，尤其是在便捷传播和迅捷传播的场域中，我们传播和分享的内容一定要做到不带有伤害性或不真实性，要符合道德规范。

④每个网民个体都应尊重和保护自身和他人的隐私。每个人应该有基本的隐私，隐私对于自主权至关重要。这就要求我们每个网民或微民，应将个人信息视为机密信息，任何人不得在未经许可的情况下在互联网上传播或泄露他人的个人隐私，更不得为了个人私利而进行他人信息的商业售卖活动。人们有权对他人信息的准确性与安全性负责，任何个人或组织不应随意篡改或传播他人信息。罗尔斯的正义论体现着对人们权利的尊重以及对弱势群体的伦理关怀，所有重要的自由和权利问题都是道义上的，实现不仅取决于公正的社会结构，而且更多取决于所有社会成员的道德素质，这就启迪我们必须注重网络道德教育与教化。

马克思主义人学理论中的道德基础观、人的本质论和全面发展观，中国传统文化中的"慎独"思想，以及西方思想史上"道德自律"的思想，都能很好地为大学生网络素养教育内容、载体与机制研究提供理论基础和

---

① [德]康德. 实践理性批判[M]. 邓晓芒，译. 北京：人民出版社，2003：220-221.

思想借鉴，这既是本书研究的理论基石和出发点，又是大学生网络素养教育的目的和旨归。

3. 相关学科理论借鉴

（1）网络传播学理论

网络传播学作为传播学的一个分支，是研究在网络环境下人类传播行为和传播过程、发展的规律以及传播与人和社会关系的学科。传播活动牵涉多个环节、多种因素，在传播学研究过程中，传播过程的相关理论研究是非常关键的环节和内容，传播学的研究活动紧紧围绕传播过程的相关构成要素而实施。拉斯韦尔是美国著名的传播学家，1948年他提出了传播过程的"五要素构成论"，探讨了传播行为过程中牵涉到的五个重要因素，依次是信息（says what）、媒介（in which channel）、传播者（who）、受众（to whom）与效果（with what effect），它变成了传播学领域中普遍认可的"5W"模式，针对这些要素，分成了内容、媒介、控制、受众与效果这五个方面的研究。可以肯定的是，这种"5W"模式同样存在着缺陷，并未研究社会环境如何影响传播活动、传播行为动机与传播效果反馈等多种问题。此后，韦弗与香农这两位数学家设计了电子信号传输过程的相关直线模式，为了解决单向性传播模式的缺陷，传播学家奥斯古德与施拉姆设计了社会传播过程的双向循环模式。这种双向传播循环模式也称为"奥斯古德－施拉姆模式"，即信息传播者和信息接收者之间不再受身份固定的制约，任何一个传播过程中的参与者都可以同时拥有上述两种身份。双向传播循环模式相比单向传播模式尽管有了很大程度的突破，但随着研究的进一步深入，它自身的缺陷也在逐步显露，那就是它没有把传播循环的过程看作是一个不断上升发展的过程，而是单纯把它归结为一个封闭的过程，如传播学者丹尼斯就曾指出："传播经过一个完全的循环，不折不扣地回到它原来的出发点。这种循环类比显然是错误的。"[①] "奥斯古德－施拉姆模式"最大的问题就在于它没有意识到信息传播过程也是一个运动发展的过程，其内在要素是会不断变化升华的。

网络诞生的初衷就是加快人类的信息传播，其最根本的功能就是信息

---

① 周庆山. 传播学概论 [M]. 北京：北京大学出版社，2004：51.

交流，网络被称为继报纸、广播、电视之后的大众传播的"第四媒体"，网络传播活动也变得越来越频繁，网络传播学应运而生。我国学者谢新洲提出"网络传播基本模式"，以简要展示网络传播过程的要素、影响因素及信息流动方式。在这一模式中，每一个网络参与者都具有传播者和受众双重身份，他们可以通过电子邮件、网络论坛等网络媒体与任意一个网络参与者进行信息传递。同时，每一个网络参与者的信息传播和接收行为均受到自身人格结构、自我印象以及自身所在的人员群体、社会环境的影响。在提出"基本模式"的基础上，谢新洲还借鉴"马莱茨克模式"的基本思路构建了"相对于一个节点的传播模式"及"网络传播的技术模式"①。

网络传播模式与传统的传播模式相比具有以下特点：首先，信息的传播更加高速、高效。其次，手段更加丰富。网络传播的形式是多样的，可以以文字、图片、视频等多种媒介进行传输，使信息的内容更加丰富和生动，促进了信息接收者的接收积极性。再次，以多向立体交流传播模式为主。网络信息传播的出现打破了传统封闭的单向性信息传播方式，以双向或多向信息传播模式为主，弱化了传统信息传播模式下的主客体差别，更有利于发挥主客体的积极能动性。最后，信息来源更加多元化。传统的传播模式中信息传播者的身份一般来说是固定的，而在网络化时代，任何主体都可以拥有话语权，这也致使网络中信息纷繁复杂、良莠不齐。网络传播学理论对于大学生网络素养教育的研究和探讨具有十分重要的借鉴意义。

大学生网络素养教育可以借鉴网络传播学关于传播过程的理论。一方面，网络传播模式理论探讨的核心问题是网络传播过程，其研究内容既包括传播过程中的传播者和受众、网络信息、网络媒介等，还包括要素间的关系、传播环节、各种影响网络传播的系统外因等。这些研究内容与大学生网络素养教育研究的基本内容有诸多相似之处，在许多情况下，只是切入的视角有所差别。另一方面，网络素养教育作为一种信息传播过程，可以借鉴网络传播学中的一些理论和方法，构建相应的传播教育模式，如对议程设置理论的借鉴。在网络环境下，每个个体都成为议程设置的元点，"点对点""点对多点"和"多点对多点"的多元化交互模式已经形成，为人

---

① 谢新洲. 网络传播理论与实践 [M]. 北京：北京大学出版社，2004：61-80.

们之间的跨区域、跨民族和跨文化交流提供了便利。议程设置理论为大学生网络素养教育工作的开展提供了现实的途径和可操作化的方法。

（2）网络心理学理论

心理学是通过研究人类的情感、认知和意志等信息品质以找到人类心理活动的特征与规律的科学。大学生网络素养教育的目的就在于使大学生网民的思想意识和认知水平能够适应现代网络技术的发展。正因如此，教育过程当中要根据受教育者的心理活动调整教育的方式和内容，要根据教育对象的心理活动特点，进行更加具有针对性和实效性的教育引导。网络心理学是心理学的一个分支，主要是探讨网络条件下人们的心理活动、行为方式的形成、发展及其规律的学说。

大学生网络素养教育可以借鉴网络心理学关于认知的理论。认知的过程可以理解为对外界信息感知、加工的过程，也就是说，人们对于外界信息的认知不是原封不动地接收而是一个信息加工的过程，它是人类基础性的心理过程，涵盖了语言思维、想象、记忆、知觉、感觉等。人脑是信息加工的重要工具，人类对于外界的认知都是人脑加工的产物，转换为人们心理的内在活动，对人们的行为进行支配，即信息加工的过程，也就是所谓的认知过程。在认知过程中，个体本身的认知方式会形成比较稳定的一种心理倾向，它体现在人们偏爱某种信息加工方式。认知心理学对于提升人们的认知自主性有着积极的作用，并通过对认知活动的研究，能够在很大程度上帮助人们做出决策、解决问题等。心理学为我们研究大学生网络素养教育的相关内容提供了较大的借鉴价值。我们在研究该领域的过程中，只有不断汲取多个学科的理论影响，切实掌握受教育者真实的心理需求，指引他们在网络信息环境中正确、科学地选择相关事项，在受教育者做出主动选择的过程中，将先进网络文化的相关内容稳固在他们的头脑中，帮助他们形成优良的品德和素养。

大学生网络素养教育就是要提升受教育者的网络思想政治素质，帮助他们更好地适应网络社会，最终实现个体自由全面的发展。因此，在大学生网络素养教育中，大学生作为受教主体居于中心地位，所有的教育设计和内容都必须围绕这一个中心展开。教育者掌握的思想政治要求必须进入受教主体内心，使之真心诚意地认同并接受。心理学重视意志、认知、情感训练相互结合而形成健全的品质与个性，而高校思想政治教育工作也正是不断教育和引导教育对象思想品德不断提升的基础工作。开展网络素养教育工作，必须重视引导教育对象在网络环境中的意志、情感、认知训练的相互结合，它要求教育工作者贴近教育对象的心理需求，建设和打造网上精神家园，密切关注和激发教育对象学习先进网络文化的积极性，使他们形成崇高的思想道德追求与坚定的政治信念，让他们在正确的情感认同与认知的基础上，主动投身到先进网络文化的建设当中去。

大学生网络素养教育可以借鉴网络心理学，对大学生的网络成瘾等问题进行预防和干预。美国精神病学家戈登伯格教授在1994年最早提出了"网络成瘾综合征"这一概念，并进一步将网瘾的研究从心理学延伸到精神病学领域。在我国，网络成瘾是"个体反复过度使用网络导致的一种精神行为障碍，表现为对网络的再度使用产生强烈的欲望，停止或减少网络使用时出现戒断反应，同时可伴有精神及躯体症状"[①]。网瘾产生的原因是复杂的，它既包括患者外部的生存环境，如家庭、社会等因素；也包括患者个体的内部原因，如人格、心理、生理等。网络成瘾还常常伴随一些生理特征，如患者一旦上网，其大脑就会产生一系列的化学反应，使成瘾者无法控制自身的行为。

一旦患上网络成瘾综合征，就会对大学生的学业和生活带来负面影响，甚至还会影响大学生人格的形成，所以对已经成瘾的大学生进行有效干预是十分必要的。对于网瘾的干预主要从以下几个方面着手：其一，自我情绪调节。情绪反映的是个体对自身需要是否得到满足的主观体验，不良情绪不仅会影响个体的行为，有时甚至具有非常大的破坏性，同时还会对个体适应和创造产生障碍。所以，对于网络成瘾者的帮助首先要从情绪的调节着手，这是解决问题的重要环节。戈尔曼博士认为，情绪智力是一个人具备觉察和认识自己情绪的能力，是在认识自身情绪的基础上，管理和控制好自己情绪的能力。对于网络成瘾者的矫正，首先就是要帮助其提高自我控制和管理情绪的能力。当产生不良情绪时，可以通过自我暗示和放松等方法进行自我调节。另外，一些不良情绪的产生来源于错误的认知和曲

---

① 邓验，曾长秋. 青少年网络成瘾研究综述 [J]. 湖南师范大学（社会科学学报），2012（2）：89.

解，所以当错误的认知得到识别和修正的同时，不良情绪也随之得到缓解。尤其是那些为了逃避现实而沉迷于网络的大学生，更需要帮助他们从对现实的厌恶、逆反、恐惧中解脱出来，从而摆脱对网络的依赖。其二，自我行为控制。网络成瘾者的病理心理异常时缺乏自我控制。自我控制缺乏本身不是一种心理障碍，但却可能成为众多心理疾病的致病因素。网络成瘾者在使用网络的过程中获得即刻的快乐和满足感，这维持了他们长期使用网络的心理机制。网络成瘾者也会意识到过度使用网络是不好的，但就是难以放弃上网。自我控制的缺乏与冲动有关，做到自我控制就是要控制冲动并遵守原则。对于网络成瘾学生的帮助也可以通过帮助其制订上网计划来完成。通过制订一个具有持续性、渐进性、奖惩性、替代性的计划，一步一步帮助学生达到自我控制的目的。对于网络成瘾者的矫正不可能一蹴而就，其需要一个漫长的过程，作为教育者需要具备足够的爱心和耐心陪伴学生共同战胜这一心理障碍。其三，外部关系改善。很多学生由于现实的人际关系出现问题，进而将所有的希望寄托于网络生活。通过观察发现，一些平时在现实生活中性格内向、孤僻的学生，在网络世界里却可以变得幽默有趣、侃侃而谈。对于这一类网络成瘾学生的矫正，就应从帮助其改善现实中的人际关系入手。作为教育工作者可以从学生自身出发，协助他们学习一些人际关系技巧，体验与人交往沟通的乐趣。对于网络成瘾的干预和矫正还需要学校、家庭等共同配合，如因家庭原因而造成的网络成瘾的学生，就可以从家庭入手，改善亲子关系。其四，自我激励。很多网络成瘾者都存在无法对自我进行正确评价的问题，甚至有些学生对自我评价过低，造成严重缺乏自信心等问题。因此，要帮助这类学生摆脱网瘾就要从帮助他们学会自我激励，激发其信心和信念，明确其人生理想着手。要引导学生对自己有一个全面正确的认识，充分意识到自己的优缺点。对自身的评价要建立在客观、公正的基础上，既不能评价过高，造成盲目自信，也不应评价过低，使其产生自卑心理。在帮助他们形成对自身的客观、真实的认识和评价的基础上，指导他们思考、探索自身内在的价值和人生理想，形成对未来生涯的发展规划，明确奋斗目标和奋斗路径。以上干预法可以帮助存在网络成瘾问题的学生得到一定的矫正作用，但是高校教师和辅导员并非专业的心理咨询人员，对于那些已经具有病理性网络成瘾者，则需要专业的心理医生进行心理和药物治疗，解决其网络成瘾问题。

（3）网络社会学理论

社会学是一门将社会及社会问题作为研究对象的学科，其将社会作为一个整体来进行研究，研究社会发展过程中其各要素之间发展变化的关系。互联网的出现和发展，拓展了社会学的研究领域，网络社会学的研究深度和广度亦在逐步加深。对于网络社会的界定有很多，从社会的群体结构来看，"网民"作为一类新的社会族群伴随着互联网的发展而诞生，美国社会学家巴雷特称之为"赛博族"。网民族群作为一个群体，其内部由各种类型的网络群体所构成，而每一个网络群体又是由网民个体构成。因此，网民个体是构成各类网络群体的基本单元。根据接触网络起始时间的不同，网民可以划分为"网络原住民"和"网络移民"两类，前者是指一出生便能够接触互联网的个体，而后者是指成长到一定年龄才逐步接触互联网的个体。由于我国于1994年正式加入国际互联网，因而一般将"90后"的大学生称作"网络原住民"，20世纪80年代以前出生的则称之为"网络移民"。网民个体通过一定的关系组成各种网络群体，然而由于网络群体在形式上相对宽松和网民身份的虚拟性，所以网络群体对成员的强制性和制约性相对欠缺，无法通过外在力量对成员进行约束。思想政治教育必须坚持服从和服务于社会发展规律，对于网络素养教育而言，就是要服从和服务于网络社会的发展，而无论是要做到服务还是服从都必须首先深入掌握网络社会的真实境况。因此，网络社会理论对于网络素养教育的研究具有重要的借鉴意义。

其一，网络素养教育可以借鉴个体社会化理论。在社会学分析和研究中，个体社会化理论是网络社会研究的基础，是指社会把自然人逐步转变成可以适应相应的社会文化、履行相应角色行为、参与社会活动的一个社会人的过程。从个体视角来看这个过程，它也是个人从最初的不知到后来的知、从最初的知之不多到后来的知之甚多，最终把一个自然人逐渐培养成为一个社会人的过程。思想政治教育的主要目标是促进人的道德与思想政治方面的社会化，网络素养教育应该破解的是在网络背景下的人们应该怎样遵守相关的社会行为规范，适应正常的社会生活，以完成自身在道德与思想政治方面的社会化。它可以参考个体社会化领域的相关理论知识，有利于厘清网络背景下个体社会化的可靠性。此外，每个人都要处理个体社会化这个终身课题，它也清楚地指出网络素养教育工作者不能隔离、回避网络，必须和受教育者同时提升在网络环境中的各种生存技能，方可让每个人切实完成全方位的社会化。

其二，大学生网络素养教育可以借鉴社会群体理论。在社会学研究中，社会群体理论是一个核心。它将研究视角定位于社会群体特征以及成员与群体之间的互动影响，此类研究结果对制定各种公共政策与破解社会问题非常有利。社会群体指的是凭借某种社会关系而相互结合、开展公共活动，相互作用和影响的集体。群体是个人完成社会化的一个重要场所。现实与历史均证实，社会系统涵盖了相当数量的社会群体，群体的稳定是一切稳定的大前提，只有保证群体的稳定才能实现社会的稳定，社会稳定是民族、国家健康发展的基础与前提。网络社会作为一个互动平台，为社会成员和机构提供了施展的舞台，而作为"因网而生"的网络族群也就开始"粉墨登场"了。随着计算机网络越来越融入我们的生活中，网络群体的各种活动被给予了密切关注，各种信息媒介组织都加大了对于网民力量的考量，将其视作社会发展的重要力量。当代思想政治教育学的社会化发展需要其直接面向社会，以谋求更大发展，在社会生活的方方面面渗透这些内容，真正让思想政治教育成为社会生活发展的重要支撑，实现其价值引领的重要作用。高校在大学生网络素养教育中，应该注意参考社会学的相关理论，要根据理论指导来分析相关特征，要将对于网络群体的探讨摆在一个重要的位置上，明确其发展与存在对网络群体社会化的影响和作用，乃至对我国社会经济发展的作用与影响。必须倡导积极应对网络群体的形成和发展。同时，在面对因网络群体而引发的社会事件时，要头脑清醒、客观，应该积极地予以研究和关注，这是由于此类事件直接影响我国的社会稳定，绝大部分群体性事件会深刻地影响网络环境中社会成员的思想品德和政治素养的发展与变化。

其三，大学生网络素养教育可以借鉴关于网络社会理论。曼纽尔是美国著名的社会学家，在自己的学术专著《网络社会的崛起》中指出，互联网的快速崛起这个事件是一起社会学事件，是科技发展推动人类社会改变的重要事件。在网络革命中，信息技术居于中心地位，它在很大程度上挑战了传统意义上的社会概念。他认为，网络社会中的"知识"与"信息"，第一次借助"科技之手"实现了频繁的对接，标志着网络族群社会已昭然若揭。学术界在研究"网络社会"（network society）的过程中，指出要和数字化社会（digitized society）、信息社会（information society）、虚拟社会（virtual society）与赛博社会（cyber society）等多种概念密切结合，共同探讨这些问题。就网络社会一些问题的探讨，一些学者认为应把其看作一种人类在网络虚拟空间的交流形式；另一些学者则认为网络社会是一种独立于现实社会的模式，指出它属于新型的社会形态。实际上，传统社会与网络社会之间的关系是无法割裂的，它是一种新型的网络交往方式。这种社会形态并非孤立的，它是传统社会形态在网络背景下的一种新生；它在保留了现实社会的许多传统因素的同时又不拘泥于这些因素，在传统的基础上很多方面都有了创造性的改变，由于网络社会还在形成、生长、发展、变化之中，学者对于网络社会的研究和探索热情也会越来越浓厚。毋庸置疑，网络社会的很多研究议题对于开展大学生网络素养教育工作的借鉴作用也比较显著，而且可以深入地、全方位地借鉴这些理论和成果。为了更好地研究大学生网络素养教育的相关内容，应该对当前网络社会的发展状况给予密切关注，全方位地把握该领域的相关研究成果。它是在思想政治视域下进行网络素养教育的一种新议程，对于网络社会研究所积累的宝贵经验，有助于用超越的眼光来看待网络对于社会的意义，要以另辟蹊径的视角来对其展开研究和探讨，认清思想政治教育所处的网络环境，把握受教育者与教育者在网络社会中的互动关系，探讨在虚拟空间中有效地发挥思政教育的作用，将思政工作放在整个网络社会的视野中去讨论，有效地发挥它的职能与作用。

第二章 大学生网络素养教育的目标与意义

随着互联网的出现和广泛使用，文化的形态发生了变化。网络既成为文化的新载体，也成为文化的一部分。网络文化应运而生，并成为文化的新样态。大学生是网络文化的主体，是网络文化领域内最活跃、最具激情、最有思想和作为的群体，他们在使用网络文化，制造网络文化的同时，也在传播着网络文化。但是由于大学生的价值观、道德观、政治观还很不成熟，这又使他们容易成为网络文化"攻击"的对象，削弱了他们的道德判断力，影响着他们在现实生活中健康道德人格的形成。可以说，大学生的世界观、人生观、价值观也都在无时无刻地受到网络文化的影响。大学生网络素养的好坏直接决定网络对于大学生所起到的是积极的作用还是消极的作用。因此，有针对性地对大学生进行网络素养教育，是时代发展的必然要求，进行高校大学生网络素养教育的理论创新研究，具有深远的时代价值与现实意义。本章重点探究网络舆情对大学生"三观"的影响，明确大学生网络素养教育的目标，探讨大学生网络素养教育的重要意义。

一、网络舆情对大学生"三观"的影响

（一）网络舆情下大学生"三观"的变化表现

1. 大学生的世界观的变化常处于矛盾冲突状态

网络的诞生增进了人的交往，"居住的星球变成小村庄"形容我们与世界的联系的确很贴切，但世界上存在着对立的政治制度和意识形态的斗争和界限的划清并没有因为网络的诞生而有所减少，相反网络的四通八达使得原本两者间的国家屏障打开，借此西方利用网络霸权来宣扬所谓的"地球村""一切无国界"和"人权至上"的言论，有的人甚至在网络上散播

国家会随着经济全球化的不断推进而最终消亡的舆情,事实是难以掩盖西方利用网络倾销西方资本主义的意识形态的用心。这在客观上造成大学生思想混乱,失去了国家荣誉感,动摇了原有对共产主义世界观尤其是历史观的立场。在学习和生活中对原有的主流理想信念产生了怀疑,这种对原有主流信仰的怀疑尤其是西方多元化的政治观的冲击、人权理论的散播,是大学生在政治思想上迷失了方向,辨别能力减弱。

同时,我国正处在社会的转型时期,各项制度还有待完善和加强,社会主义优越性还没完全体现出来,大学生在网络这个扩大器下难免糊涂,如有些同学把物价改革说成"改革就是提价",对高校并轨收费不理解,心里不平衡,认为不合理,其实就是没有全局观念。还有对待收入差距问题上,对先富带动后富的政策是懂的,但就业时的学历倒挂、趋向就业高收入地区,不满心态也在一定程度上受网络舆情的干扰。

2. 大学生人生观滋长了消极自私化

"人对人是狼"[①]和"每一个人反对每一个人的战争"[②]近些年在大学生中滋长,大学生不断强调竞争的残酷和人自私自利的本性。正因为人处于"自然状态"下具有"自私自利的本性",必然使得"人对人是狼",使"人的状况是一种每一个人反对每一个人的战争状况"[③],因此网络舆情中的消极状况也在影响着大学生的成长,情况令人担忧。如"萨特热""尼采热""叔本华热""弗洛伊德热"袭来,使得大学生的人生观消极化、不断强调个人主义。考试不及格或感情不顺利做出极端表现的学生在高校中偶有发生,大学生不能真正认识事物发展变化过程中必然与偶然的关系,不能正确对待人生中的个人挫折与磨难,追求绝对自由的"自我设计""自我选择"的人生观也使得青年在人生的道路上跌跌不断;更有在网络媒体及所传播的舆情信息中,大学生没有正确的荣辱观念,在面对有些事情的时候,不能够区分什么是对,什么是错,也不知道哪些事情是该做的,哪些事情是不该做的。随意化,追求媚俗时尚,严重冲击着大学生的审美需求和对高尚美德的推崇。

① 石云霞. 当代中国价值观论纲 [M]. 武汉:武汉大学出版社,1996:182.

② 张霞. 当代中国价值观 [M]. 武汉:武汉大学出版社,2010:182.

③ [英] 霍布斯. 利维坦 [M]. 北京:商务印书馆,1961:94-95.

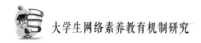

3. 大学生价值观上拜金享乐泛化趋向

互联网传播信息的过度自由，大量的灰色、黑色、黄色不健康的信息充斥着网络，屡禁不止。除了互联网以外，移动通信、无线网络等大众新媒体，在商业利益驱使下，在市场经济价值规律调节下，为吸引收视群体（包括大学生在内）的极度关注，以丑为美，负面报道频频抢播，正面形象边缘化的现象，也使得大学生在校所学习的科学价值观发生不同程度的动摇。

（二）网络舆情下大学生"三观"教育的必要性

网络舆情作为信息的衍化物，信息传播者是最主要的，这就要求我们应关注高校网络舆情中舆情传播的主体——大学生，研究当代信息化时代下大学生的特征，因材施教进行"三观"教育。何况大学生是未来中华民族伟大复兴的主力军，关注青年的健康成长作为教育者应首当其冲，其必要性不言而论。网络化时代，大学生的特点具体地讲有如下几个方面。

1. 网络化的生活方式

大部分大学生尤其是"00后"大学生大多是"网络原住民"。在实际生活中，"00后"大学生的网络行为表现出重娱乐而轻学习的特征。网络中存在的多元娱乐方式对"00后"大学生有着巨大的吸引力，"00后"大学生可以通过网络放松心情、扩展兴趣、结识网友、消磨时间等，娱乐属性使网络成为"00后"大学生生活的调味剂和调色板。一个"00后"大学生可能有这样的"标准"情况：上网、睡觉和社交是他最主要的课外活动；看美剧、刷朋友圈和逛淘宝是睡前必做"功课"；玩游戏、玩抖音成为每天最放松的项目。这不仅体现了"00后"大学生缺乏利用网络探索新知识、学习新技能的主动性，还暴露出"00后"大学生对网络的高依赖度。

2. 大学生自身素质有待加强

①已有"三观"有待完善

大学时期是快速、大量累积知识的时期，大学生群体要比同龄非大学生群体在知识水平和认知能力上高出很多，加之处于信息爆炸的时代，大量的信息，良莠不齐的多元文化的碰撞与交融，使得大学生的"三观"形成环境备受考验，这就要求大学生具有正确的对信息鉴别和判断的能力，且要求此能力要不断提升。大学生原来持有的价值取向是他们对网络上"三观"信息"选择性注意、选择性理解、选择性接受"①的依据。也就是说，多元化的"三观"信息刺激着大学生原有的理想、信念、政治观、人生观、价值观，大学生在受到刺激后也会做出反应，即对刺激的信息进行取舍，取舍后构建自己新的"三观"。

②认知方式偏直观化

当前的大学生，既注重自身的感受和体验，也对泛泛的空谈倍加排斥，及其注重真人真事的现身说法。他们轻视理论思维、理论学习，认知方式参杂着感情的因素。他们缺乏扎实的马克思主义的理论素养，缺乏实际的社会熔炉的锻炼，缺乏一定的历史知识，缺乏对世界情况和国内情况的深刻理解，所以在网络舆情中很有"从众"心理，欠缺理性分析和深度思考。

③"三观"的内化程度也须心理意志品质的支撑

外在的"三观"是一种客观的存在，要加上主观的内动力，并把这种内动力化为自己的理想信念就需要心理意志品质的支撑，只有在这种意志品质支撑下，内化的"三观"才稳定、不易变动。例如，随着高校管理体制的改革，实行了学分制和后勤社会化后，大学生在学习时间、学习方式等方面有了充分的自由度，作为网络的学习及评价后勤管理服务质量的主体大学生，如果这时运用权力就不会拿捏得那么好，那么自我教育上不会充分发挥主观能动性。总之，大学生还很不成熟，有很大可塑性，各项素质有待加强，以经得起网络的冲击和考验。

（三）"三观"教育的实践操作路径

科学的理论或规律与人类认识科学理论或规律在整个认识过程中是不同的阶段和不同的时间点上的。再者科学理论和哲学家总结出的时代精华是教会我们用正确思维方式来思考、理解和解决现实问题的，而不等同于我们本身的认识已达到此高度。尤其是在校大学生的认识水平。

大学生"三观"的现状常见的情况有以下两种。一是世界观（尤其是社会历史观）与科学合理的世界观不符，而人生观和价值观与科学合理的人生观、价值观符合。具有这样特点的同学，在日常生活中表现为善待他人、服务集体、学习上默默立志为国家和社会的发展发奋学习、努力工作，

---

① 张琼，马尽举. 道德接受论 [M]. 北京：中国社会科学出版社，1995：206.

对周围的人有很强的榜样作用；二是世界观（尤其是社会历史观）与科学合理的世界观相符，而人生观、价值观与科学合理的人生观、价值观不符合。具有这样特点的同学对世界的整个看法是相信物质决定世界的统一性，这点上是符合马克思主义的，但是在人生观上却表现个人主义，在价值观上，尤其是处理个人与集体的关系时是追求个人利益最大化，持利己主义的观点。

以上的情况不禁要追问我们应持有的马克思主义"三观"理论逻辑与其认识且被广大教育者真正在教育中按正确的理论逻辑实施"三观"教育是不同的，实践中教育者又应如何操作呢？

事实"三观"的养成：人的成长规律、认识规律及实践本性决定了人不可能纯粹为了认识世界和人生而去认识世界和人生。人们在认识世界和参与实践活动时，必然包含着对世界的理解和实践活动的计划，而理解和计划的初始是人们探求世界和实践活动合理性的理性追问，这就不自然地把自己置身于各种价值的关系链中。正如恩格斯所说："在社会历史领域内进行活动的，是具有意识的、经过思虑或凭激情行动的、追求某种目的的人；任何事情的发生都不是没有自觉的意图，没有预期的目的的。"[①] 话语中"意识""思虑""激情""目的""意图"等词语，都属于价值观范畴，反映的都是人的价值意识和价值自觉；其次，人生观本质上也包含人生价值的内容，上述恩格斯话语中"意识""思虑""激情""目的""意图"等就是与人生价值问题相关联的价值观。我们还明白人生观作为社会意识对社会存在起着能动的作用，都一定程度上体现价值观的层面。

从这种意义上讲，"三观"教育的实效性增强离不开人的认识规律的作用。也可以看出：以价值观教育之前进行的人生观教育同以价值观教育为"三观"教育的逻辑起点和主线是同质的；再次，人的认识规律一直遵循个别到一般、从具体到抽象的认识路线，人们在认识自然界、社会和人的思维时，在结合"切身利益"或自身需要下，认识路线，梳理这一认识路线，可发现实际的认识过程遵循"价值观—人生观—世界观；从人认识价值和世界观、人生观真理的不同的心理原理看，关于价值问题的理论知

---

① 马克思恩格斯选集（第 4 卷）[M]. 北京：人民出版社，1995：247.

识易于被人们接受。因为认识过程总与主体现实的体验、目的、情感、态度和经验密切地联系在一起，易于先在头脑中形成认识，为接受世界观、人生观做好心理铺垫，便于更好地理解；最后，马克思也曾指出：人类认识世界最终目的是改造世界，让人自由、全面地发展，实现自己的人生价值。也正因为如此，人的世界观教育可以以价值观教育为切入点，契合科学世界观的教育方向，提高"三观"教育实践的实效性。

二、大学生网络素养教育的目标

大学生网络素养教育，在目标设定与内容设置上都有特殊要求。大学生网络素养教育的总体目标要求就是不断提升大学生的网络综合素养，提高大学生的网络认知与运用能力，进而形成合理的网络行为，推动个人发展和社会进步。但是，其具体目标会随实践的发展而有所变化。长远来看，应从认知目标、情感目标、能力目标、价值目标出发，建构全新的、系统的大学生网络素养教育目标。

（一）认知目标

认知目标是大学生网络素养教育目标的基础，是其产生积极情感和理性行为的前提性环节。思想政治教育视域下大学生网络素养教育的认知目标，就是要培养具备理性网络认知之人。这里的理性认识，更集中地体现于对网络本身及网络承载信息的理性辨识能力，尤指后者。培养理性辨识信息的能力是思想政治教育视域下大学生网络素养教育不可逾越的目标要求，甚至是首要的目标要求。为此，需要教育者以网络媒介知识为基础，社会主义核心价值观为判断准则，培养大学生科学地分辨、筛选、识别、批判网络信息的能力。培养大学生理性辨识信息的能力，一方面是因为理性辨识信息的能力是对大学生参与网络活动的基础要求；另一方面是由当前大学生信息辨识能力薄弱的现状所决定的。

首先，培养大学生理性辨识信息的能力，是因为理性的信息辨识能力是大学生参与网络活动的一种基本能力。具体来说，信息辨识能力的基础性主要表现为：其一，信息辨识能力决定大学生接收的信息，这直接关系到大学生关注的内容和受到的影响，直接影响大学生的价值观念和行为选择。因此，信息辨识能力实际上还关系大学生的身心健康和人身财产的安全问题。其二，信息辨识能力还影响大学生在网络中的主导权和自主性。信息辨识能力的高低影响大学生在网络世界中的自主性，一个具有理性信息辨识能力的大学生能够自主地选择需要的信息而排出干扰；反之，则会被纷繁复杂的网络信息所轰炸，沦为网络信息囚徒，丧失其在网络空间甚至是现实生活中的主导权和自由。

其次，培养大学生理性辨识信息的能力，是由大学生理性辨识信息的能力欠缺的现状引起的。具体来说，造成大学生理性辨识信息能力欠缺的原因有三：心理因素、学习经历和现实环境。第一，心理因素。主要表现为网络媒介崇拜，媒介崇拜是人们使用媒介时表现出的一种对媒介过分依赖、认同、轻信和盲从的心理状态，它反映了人与媒介的一种异态关系。由于大学生依赖于网络的生活方式，甚至痴迷、沉迷，导致在大学生的潜意识中存在着对网络媒介的崇拜，大学生会轻易地相信网络媒介现实。第二，学习经历。大学生缺乏理性辨识网络信息的教育经历，传统的信息技术课主要集中在网络信息技术上而非网络媒介知识上，缺乏对网络信息的理性分析教育。第三，现实环境。网络信息纷繁复杂，给理性精神正在发展中的大学生群体构成了一定的冲击与认知难度。一方面，由于中国在短短数十年间就完成了开启"网络大国"向"网络强国"的转型升级，时间太快以至于人们还没有从网络狂欢中清醒反思，就进入了多媒介融合的"互联网+"时代。另一方面，网络中的虚假信息形式变化多样，未经过专门训练的学生难以认识这些虚假信息。

（二）情感目标

情感目标是大学生网络素养教育的中间层次，是其巩固科学理性网络认知和发展健康合理网络行为的重要中介环节。思想政治教育视域下大学生网络素养培育的情感目标定位，就是要培养大学生理性平和、积极向上的网民心态，以锻造具有积极网络情感之人。这里的积极网络情感，其聚焦表现就是做"中国好网民"的强烈责任感和使命感。甚至可以说，培养积极成为中国好网民的责任感，是思想政治教育视域下进行大学生网络素养培育最为关键的目标。它要求培养大学生成为中国好网民的意识，即大学生通过学习，主动以中国好网民的要求来指导自身的网络活动。这不仅取决于我国社会发展和建设需要具备成为中国好网民责任感的接班人，还因为大学生的成长和发展需要具有成为中国好网民的责任意识作为指引。

中华人民共和国国家互联网信息办公室曾于 2015 年就提出了举办"中国好网民"的活动，现已经在全国各地持续开展。中华人民共和国国家互联网信息办公室认为，"中国好网民"是"有高度的安全意识；有文明的网络素养；有守法的行为习惯；有必备的防护技能"。基于这样的认识，我们认为，好网民是指具备良好的网络素养的网民，即具备扎实的网络素养知识，善于利用网络为自己和社会的发展服务的网民。因此，中国好网民是指以社会主义核心价值观为行为指导，有扎实的网络媒介知识，能科学高效地使用网络为自我发展和社会发展服务的中国网民。这既包含了中国网民应有的情感态度价值观，又包含了其应有的正确高效地使用网络的能力。

培养大学生成为中国好网民的责任感和使命感，首先是由中国特色社会主义事业发展的需要决定的。习近平总书记在党的十九大报告中强调要建设"网络强国"。建好网络强国，就必须有一批又一批高素质的"中国好网民"来加以推动。同时，从网络发展现实角度而言，一方面，大学生是中国特色社会主义事业的接班人，我们希望大学生能够以努力成为中国好网民的责任感要求自己，主动提升网络素养，自觉抵抗网络中的错误意识形态影响，发挥社会引领示范作用，共同构建风清气正的网络空间。另一方面，中国广阔的网络空间，还有巨大的经济、文化价值。唯有营造风清气正的网络空间才能将其开发挖掘出来。大学生是中国特色社会主义事业的接班人，将为中国特色社会主义事业奉献各自的力量。他们各自的力量大小将决定推动中国特色社会主义事业发展力量的强弱。所以，大学生要有成为中国好网民的责任感，坚持社会主义核心价值观，坚持制度自信、道路自信、理论自信和文化自信，以正确的发展方向为指导，不断提升利用网络为自身和社会的发展服务的能力。

培养大学生成为中国好网民的责任感和使命感，也是由大学生成长发展的需要决定的。一方面，现实空间和网络空间价值观矛盾给学生的内心带来了巨大的冲突。网络社会的美好远远高出现实生活，网络中对财富物质的极致追求也冲击着大学生的价值观念，让他们困惑于何为有价值的人生，怎样实现有价值的人生。方向和道路的迷失，让部分大学生失去了前进的动力和让自己充实的能力。大学生只有基于网络媒介的理论知识，认识网络现象，再以社会主义核心价值观作为批评网络现象和指导自身行动的依据。以此，大学生才能保持内心的平和，坚定为社会主义建设服务的前进方向，享受学习和生活。另一方面，大学生需要主动关注关于国家政策导向的新闻，以此作为规划自身职业发展的重要依据。这就需要学生主动承担中国好网民的责任感，主动关注国家的发展方针，将国家的发展和自身的发展结合到一起。到国家最需要人才的地方去，实现自己的人生价值和理想。

（三）能力目标

能力目标是大学生网络素养教育的高位层次，是大学生网络素养的直接表征，也是大学生是否具备理性网络认识和积极网络情感的评价依据。大学生网络素养教育的能力目标定位，就是要培养大学生高效参与网络的行动能力。培养大学生高效参与网络的能力，包括提升大学生网络自控能力、商议能力以及利用网络促进社会和自身发展的能力。这不仅是当前大学生网络参与能力的现实情况决定的，还是提升大学生网络参与创造的社会价值，促进网络社会发展，营造风清气正网络环境的需要。

第一，培养大学生高效参与网络的能力，是由大学生的网络参与能力的现实情况决定的。当前大学生总体上具备较好的网络参与能力，但与我国高等教育人才培养要求相比、与打造中国好网民的能力要求相比，大学生的网络参与能力还需要得到增强。这表现在大学生用网自控能力不足、大学生网络协作和商议能力低等方面。具体来说，一方面大学生用网自控能力不足。一是有明确的上网学习的意图，但是注意力不集中，一旦上网就被各种广告、娱乐新闻、小游戏迷惑，耽误了时间，最后直接忘记了上网的学习意图。二是没有明确的上网学习意图，也没有明确的上网休闲娱乐的意图，但是一旦打开手机就难以放下。三是喜欢网络世界，长时间、高频率上网娱乐，且没有明确的上网目标，被称为网络沉迷。因此大学生花费大量时间上网，收获甚微，甚至占用了正常学习、生活、工作的时间。

另一方面，大学生的协作商议能力不足表现为利用网络技术协作的水平欠缺，这根源在于学生缺乏协作训练。缺乏网络协作能力就难以最大限度地开发网络的整合功能，大学生各自的特长优势依旧如散落的珍珠一般分散在网络之中。此外，大学生的网络商议能力较低，公共事件发生后容易将讨论转移到对个人、社会甚至国家层面的价值观念、情感态度的攻击上，很难针对事件的核心问题展开有理有据、冷静客观的讨论。

第二，培养大学生高效参与网络的能力，也是促进大学生积极参与网络活动，创造社会价值的需要。当前，网络日益成为构建社会的主要力量，中国当前的政治、经济、文化和社会的发展离不开网络，中国梦的实现离不开网络，人类社会的未来发展也离不开网络。高素质人才高效利用网络，优化组合方式不仅能够整合发挥更大的经济力量，还能营造健康文明的网络环境和更加民主开放的政治环境。此外，大学生网络素养的提升，还能促使网络作品质量提升，在网络空间产出更多优秀的有中国特色的文艺作品，增强我国文化软实力。因此，当代大学生要成为能够担当民族复兴大任的时代新人，除了要提升专业素养，还要能够入驻网络、掌握网络、掌控网络，积极利用网络为社会的建设和发展创造价值。

第三，培养大学生高效参与网络的能力，更是网络文化发展的需要。近几年来，为了顺应时代的发展变化，以及高校自身的发展需要，将校园网站及其相关附属平台运用于高校教育中越来越被响应与支持，在其具体运行方面也显示出其重要作用，体现了网络文化所具有的独特性。网络文化所特有的互动性、开放性与信息共享性等众多特征，使得利用网络文化，可以更加系统而全面地拓展师生的学习内容，还可以为师生创造互动的沟通平台与资源的共享平台。再者，伴随着校园文化网络化的趋势，它将加快学生固有的思想观念与知识储备的更新，但也给传统的教育模式带来一定危机，提升了高校思想政治教育的难度。时代的高速发展，使得高校师生对于精神文化的追求逐步提高，在一定程度上运用校园文化可以有效地满足高校师生对精神文化的需求，由此，加强高校网络文化建设，提升高校综合能力，增强大学生思想政治教育的实效性是必然之需。

在教学方法上，传统的大学生思想政治教育，主要方式是课堂授课，将学生集中在同一地点并在同一时间开展一对多的思想政治教育，而这种教育方式又往往与学生的思想观念产生分歧，不能深入学生的观念层面，故无法有效实现对大学生的思想政治教育。近年来，随着现代信息技术的迅猛发展，网络给传统教育模式带来了挑战，与此同时，也为高素质人才培养创造了良好的条件，也是当前国家间竞争的一个重要指标。当前发展阶段中，网络已经涵盖了大学生生活和学习的各个方面，对大学生的思想观念和行为选择也带来了一系列的影响。当前阶段，大学生网络素养教育中面临的许多新情况、新任务，在很大程度上是因"网"而生，因"网"而兴，因"网"而增。因此，校园文化网络化作为一种较新的教学方法，能为学生创造新的教学模式，学生可以依据自己的实际需求随时随地去学习，除此之外，还能够针对其自身的薄弱环节进行有目的、有重点的强化。这在一定范围上促进了大学生思想政治教育方法的革新。

因此，大学生网络素养教育须以培育优秀网络文化作为发展目标。一方面，校园网络文化的互动性与开放性使学生能随时随地下载资源，丰富了高校思想政治教育新型平台和模式，使学生得以告别时空的局限，足不出户也能获取自己所需的文献资料，及时把握全世界的最新动态成为可能。另一方面，网络化的校园文化最大化地促进了校内文化与校外文化之间的联系，增强了大学生思想政治教育的系统化、科学化。与此同时，学生还能在及时更新的网络信息中，从校园网络文化平台去接触到前沿的知识，更新既有的知识系统与固化的思维模式，增强自身的综合能力。除此之外，网络的交互性功能可助力大学生构建丰富的社交圈，搭建师生之间及同伴之间的沟通交流平台。

（四）价值目标

社会主义核心价值观是社会主义核心价值体系的内核，是发展中国特色社会主义和实现中华民族伟大复兴中国梦的价值引领。实现社会主义核心价值观的传播，对当前我国意识形态建设的重要意义不言而喻。党的十八大以来，党中央高度重视社会主义核心价值观的宣传工作，通过《关于培育和践行社会主义核心价值观的意见》等文件进一步弘扬社会主义核心价值观，取得了值得肯定的宣传效果。但从另一个角度看，社会主义核心价值观在传播过程中也出现了一定的问题，值得我们重视。随着新媒体技术的蓬勃发展，网络成为人们信息获取与交流的重要渠道，这对核心价值观的传播既提供了新的平台，也提出了新的要求。如何把握网络传播规律，借助新媒体平台培育社会主义核心价值观，是我们当前进行大学生网络素养教育必须思考的问题。

　　大学生网络素养教育作为网络思想政治教育与高校思想政治教育的结合点，是二者形成教育合力的关键。长远来看，大学生网络素养教育的价值目标应紧扣网络思想政治教育，并以其为基点，确定大学生网络素养教育的价值所在、目标所指。

　　网络思想政治教育与思想政治教育课堂融合发展共同提升了高校思想政治教育的有效作用，在新的发展阶段中，要积极地利用互联网新媒体来实现网络建设和政治教育的有机融合，提高大学生网络思想政治教育的质量和效率。首先，传统思想政治教育课堂融合新媒体技术在创新教学形式的同时，还能最大限度地丰富教学内容，打造富有吸引力的课堂教学。其次，网络思想政治教育和课程教育两者的有机融合，使得高等院校的思想政治教育向纵横两个方向得到有效的拓展。例如，慕课的推行，将老师从讲台上解放下来，把更多时间用于引导学生，让学生在慕课中，观看视频、展开讨论、查阅资料，学习的自由性与延伸性较强，利于培养学生的自学能力。通过慕课这种形式，可将传统思政课堂与网络思政课各自的优势相结合起来，形成合力，从而提升高校思想政治教育的实效性。

　　网络思想政治教育作为丰富高校校园文化的关键动力，可为形成校园文化品牌、丰富校园文化形式和内容提供有效助力。网络思想政治教育是高校确保意识形态安全、推进社会和谐稳定的基本要求，习近平同志曾在多次讲话中提到意识形态工作是党的一项极端重要的工作。步入新时代，中华民族站在全面建成小康社会的决胜期，立足于社会主义建设取得显著成就的今天，还不乏各种矛盾问题层出不穷。对于青年大学生来说，他们的身体虽发育成熟，但心理、思想、价值观等正值不成熟的、矛盾的、待完善的阶段。正因如此，敌对势力针对大学生的身心特征，把高校大学生作为攻克的重点目标，企图利用网络碎片化、娱乐化的传播方式，在潜移默化中影响大学生的价值判断、价值选择与政治倾向；还通过各种极端手段将我国当下出现的矛盾与问题无限放大并进行错误思想的渗透。总而言之，网络已成为意识形态激励角逐、热点事件"唇枪舌战"的重要阵地。

由此可见，大学生网络素养教育的价值目标应落在网络思想政治教育的目标上，坚持"从大学生中来，到大学生中去"的路线，在正确引导大学生网络思想的基础上，充分挖掘网络的育人功能，为高校思想政治教育提供更为广阔的平台，实现网络思想引导的全面育人的目的。

三、大学生网络素养教育的重要意义

随着网络技术的进步和网络环境的升级，网络正在悄无声息地改变着国民生活、实践活动、认识活动及思维方式。作为网络行为主体的当代大学生，成为参与网络活动的最活跃的群体之一，当代大学生群体的网络素养情况也越来越受到社会各界的关注。网络的日益发展带给当代大学生的生活、学习便利的同时，也不断地带给当代大学生的生活、学习、思想和行为的负能量，最终影响到当代大学生的综合素质的增强，影响着校园文化生活的安定和谐，当他们走上未来的工作岗位，甚至会影响到社会的和谐以及中华民族伟大复兴的实现。据有关数据分析，在网络环境的升级加速的背景下，10~29 岁的年轻人尤其是大学生群体更乐于互联网的参与、分享，未来这个群体会逐渐成为网络社会中的中坚力量，当然，在此过程中，当代大学生在上网过程中也存在着众多负面作用。当代大学生在使用网络时会出现许多不规范、不道德等不良现象。这些现象在某种程度上，给学校和社会产生多方面的变化。马克思主义矛盾观认为，万事万物都存在对立性和同一性，都拥有利和弊两个维度，网络平台也不例外，产生积极一面的同时，同样也出现大量不良的网络现象。这恰恰说明增强当代大学生的网络素养的重要性的同时，也要增强网络素养的必要性与紧迫性，因此，当今加强大学生的网络素养教育意义重大。

（一）是网络信息时代发展的现实诉求

1. 适应信息化社会的学习功能

"信息化是当今世界经济和社会发展的大趋势，信息化程度标志着一个国家现代化水平和综合国力的高低"[1]。信息化将极大地改变大学生获取

---

[1] 陈海春，罗敏. 信息时代与大学生发展 [J]. 教育研究，2002（02）：17.

信息的方式和能力，将极大地改变大学生的生活方式和行为习惯。在信息化时代，大学生的学术生活和非学术生活越来越不明显，其学习方式日趋个体化。一般意义上，大学是按学科来培养学生的，通过学术生活培养学生掌握本学科的基本技能和传承本学科的意识。非学术生活是培养学生遵循做人的基本规范，按自己的思维方式进行人际交往等。以往两者的界限很明显：玩就是玩，学就是学。其实，边玩边学也是数字化生活的一种有效方式。大学生可以通过玩网络游戏掌握计算机运行的基本规则，许多网络游戏对开发和培养大学生的创新思维和规划能力有一定的促进作用。

新时代经济发展对教育提出的新要求，就是加快对信息产业相关人才的培养和普及网络知识，这也是今后我国教育发展的一个新的增长点。教育与信息技术高度融合是当今世界各国教育发展的新趋势，这意味着，一种崭新的经济增长模式和教育形态，将不断推动经济和教育的跨越式发展。从大学生自身发展看，应重点关注两个问题：一是人才的培养问题。目前，制约国家信息化进程的核心问题主要表现在信息技术人才的短缺和国民信息技术素质低下上。我国是一个发展中的教育大国，教育的第一位任务就是加快高层次信息技术专业人才的培养和加快国民信息技术教育的普及。二是传统教育模式的变革问题。由于信息技术的进步和广泛应用，以信息化带动教育的现代化已成为实现教育跨越式发展的重要途径。作为教育工作者，首先有义务使受教育者适应一种新的生存方式；其次也有义务使受教育者去开拓一种新的生存方式。

2. 构建"互联网+"时代社会主义和谐社会的必然要求

"国无德不兴，人无德不立。"道德对个人而言，是自我修养与自我实现。对国家和社会而言，则是和谐与秩序。建设社会主义和谐社会是中国共产党人的社会理想，社会主义核心价值体系是社会主义和谐社会的精神动力。目前，网络新媒体已经深入到社会生活的各个领域，成为具有重要影响的传播媒介，是开展社会主义核心价值观教育、推动社会主义和谐社会建设的有生力量，是传播先进文化、弘扬社会正气的有效途径。网络道德教育顺应了时代发展的客观需要，是构建社会主义和谐社会的必然要求。"青年兴则国家兴，青年强则国家强。"大学生网络素养教育的对象是趋向既成熟又有可塑性的大学生，大学生作为祖国的新生代，是构建社会主义和谐社会的主力军。但是部分大学生的思想和行为出现了与社会主义和谐社会不相称的现象，他们无视道德规范和法律法规，利用网络隐形衣，做出不利于构建和谐社会的道德失范行为，甚至是违法犯罪行为。因此，加强大学生网络素养教育，有助于全面提升大学生的网络素养，营造良好的社会风气、树立时代新风尚，将大学生培养成为和谐社会需要的有理想、有道德、有文化、有纪律的高素质人才。

3. "互联网 +"时代网络生态治理的新需要

信息科技的迅速发展使网络成为人们学习、生活、工作的新兴空间，不同的思想文化、价值观念、社会思潮在这一空间中交汇碰撞。这在一定程度上给我国主流意识形态的宣传和安全带来了诸多难题。考究其原因，一方面是由于网民网络素养的缺失，另一方面在于各种非主流意识形态的恶意进攻。具体来说，中国在短短 20 年的时间就从电视机普及时代跨入了网络普及的时代，速度之快以致受众来不及训练和养成媒介素养，更多的是被动接受丰富的网络信息和被包装隐藏的价值观念。加上各种非主流意识形态的恶意进攻，网民对外来文化的抵抗力较弱，使得外来文化很快渗透进我国人民的日常生活，造成了网民的文化归属感淡薄，在网络中表现出价值观混乱、弱商议性和群体焦虑等症状，甚至直接导致了世界观、价值观、伦理观日趋西化。这样的网络生态不利于我国政治、经济、文化的发展，也极不利于大学生思想政治素质的发展。近年来，党和国家极为重视网络意识形态引导工作，习近平总书记亲自主持召开网络安全和信息化工作座谈会并发表重要讲话，提出要："用社会主义核心价值观和人类优秀文明成果滋养人心、滋养社会，做到正能量充沛、主旋律高昂，为广大网民特别是青少年营造一个风清气正的网络空间。"[①]加强互联网领域生态治理，巩固我国网络安全，要求大力提升网民素养，尤其是要基于思想政治教育系统性地提升大学生网络素养。

4. "互联网 +"时代政治经济发展的新动能

大学生是祖国的未来和民族的希望，党和国家事业的发展责无旁贷地会落到当代青年大学生身上。作为时代"晴雨表"的当代大学生，能否敏

---

① 习近平：在网络安全和信息化工作座谈会上的讲话 [EB/OL]. 人民网. http://cpc.people.com.cn/n1/2016/0426/c 64094-28303771.html，2018-3-10.

锐地捕捉互联网发展新趋势，积极把网络素养提升至新水平，关系到长远的经济社会发展。从中国特色社会主义建设的总体布局来看，网络已经覆盖了社会、政治、经济、文化等各个方面。人们利用网络可以优化社会、政治、经济、文化发展方式。掌握了网络素养的高素质人才联合起来，能够造就一个思想更加深邃的社会。[①]这种联合的高效就在于其系统的组合大于网民数量的机械相加的总和。因此，只有具备了网络素养的人才能够发挥更大作用。大学生思维活跃，学习能力强，知识储备丰富，思想品德素质高，且数量庞大，网络活动活跃，是网民群体中非常重要的一部分。提升大学生网络素养，可以优化网络中活跃群体的表达方式和提升他们的价值产出，使得网络中的正能量日益充沛。形成推动"互联网+"时代中国特色社会主义政治经济发展的新动能，从而促进社会的政治经济发展。

（二）是高校教育信息化发展的必然要求

1. 大学生网络素养的增强是高校素质教育深化改革的客观要求

20世纪90年代以来，随着网络技术的逐渐普及，高校教育诸多领域都深深地烙上了网络化和信息化的印记。培养复合型高素质人才成为各高校的共识和共同的追求。作为综合型人才的典型特征是综合素质。素质教育的显著特征是主体性（以学生为主体的自我教育）、全体性（面向全体受教育者）、发展性（培养学生的自我发展能力）、开放性（注重开发学生思维方式）。[②]当今素质教育的重要媒介就是网络，加强网络素养教育是当代大学生网络素养增强的出发点和落脚点，而对大学生网络素养的培养则是实施素质教育的重要组成部分。当代大学生网络素养的增强对高校素质教育深化改革具有重要的推进作用，推动着高校素质教育的信息化和网络化。高校教育的信息化和大学生网络素养的增强是相互补充、相互促进的。增强大学生网络素养势必推进高校教育信息化的进程。

2. 有利于加快"全员、全过程、全方位"育人模式的构建

德育是一项系统工程，既不能单单寄予某一教学环节，也不能仅仅依

---

① [美]霍华德·莱茵戈德. 网络素养：数字公民、集体智慧和联网的力量[M]. 张子凌，译. 北京：电子工业出版社，2013：2-3.

② 唐曙南. 大学生信息素养研究[M]. 合肥：安徽大学出版社，2011：55.

赖于某一教学主体，它需要进一步构建和完善"全员育人、全过程育人、全方位育人"的大德育模式，而加强当代大学生的网络素养教育有利于"把立德树人作为中心环节，把思想政治工作贯穿教育教学全过程，实现全程育人、全方位育人"①，从而培养出更多掌握先进科学知识、坚持正确价值观念、适应网络时代需要的卓越人才。可以从以下三个方面具体分析。

第一，在积极鼓励大学生发挥主观能动性进行自我教育的基础之上，整合和动员社会各界力量明确自身责任和角色优势来加强大学生的网络素养教育，充分发挥高校的主体作用，有效发挥政府的引导作用，切实发挥媒体的辅助作用，拧成一股绳、劲往一处使，有利于营造出"人人为教育之人、处处为教育之地"的"全员育人"氛围。

第二，大学生网络素养培育以大学生成人成才的基本规律为依据，在他们学习和生活的整个过程中提升其网络素养的教育，不仅在线下的思想政治理论课和计算机基础课中坚持不懈地传播马克思主义科学理论和社会主义核心价值观，呼吁大学生关注自身的网络素养，丰富网络知识与技术，坚持正确的政治方向和道德原则，自觉规范网络行为，还要注重发挥各界力量维护健康和谐的网络生态环境，对大学生的线上活动进行正确引导和严格监督，因而网络素养教育有利于更大范围地实现"全程育人"，把德育的内容渗入到人才培养的各个环节中去。

第三，大学生网络素养培育要求政府在制度层面上完善教育制度和网络法规，健全网络监控机制来为进一步规范网络虚拟活动提供制度保障；要求在文化层面上利用高校和社会公共场合的展板、校报、广播和广告栏等物质文化建设平台，广泛宣传网络素养的相关知识，从而创造出积极、健康的网络素养教育氛围；要求在实践层面上发挥党团组织和社团组织的课堂延伸作用，开展网络素养的相关实践活动，以使大学生的网络道德和法律观念外化为网络实践行为。从制度、文化和实践等多方面完善网络素养培育，有利于拓展教育空间，优化"全方位育人"的教育方法和手段。

3. 开辟自媒体时代下大学生思想政治教育的新领域

"思想政治工作从根本上说是做人的工作"，而"人的本质不是单个

---

① 习近平在全国高校思想政治工作会议上强调：把思想政治工作贯穿教育教学全过程 开创我国高等教育事业发展新局面 [N]. 人民日报，2016-12-09（1）.

人所固有的抽象物，在其现实性上，它是一切社会关系的总和"①，大学生是处于一定社会关系之中具体的人，拥有明显的时代性和历史性。因此，针对当代大学生所进行的思想政治教育也必须围绕学生、关照学生、服务学生，考察他们在网络时代所体现出的新的行为特征，不断创新以适应时刻变化的现实条件，网络思想政治教育应运而生。

大学生的网络思想政治教育包含两个方面的含义：一方面，它是指对大学生进行正面教育和引导，从而使他们在网络世界中正确辨别信息，遵循道德、法律行为规范的活动，即网络环境下的思想政治教育；另一方面，是指教育者运用互联网这种大学生喜闻乐见的现代传播载体来开展思想政治教育的活动，即基于网络载体的思想政治教育。可见，积极加强当代大学生的网络素养教育在一定程度上，有利于完成网络思想政治教育第一个层面中所规定的教育目标。

大学生是以微博、微信为典型代表的自媒体平台中最活跃的群体之一，与此同时，他们最易受到网络上多元化信息的双面影响，当代大学生的思想认知、行为自律受到了前所未有的考验，尽快提高大学生的网络素养也成为当下大学生思想政治教育的重要内容。从现象上看，大学生的网络素养表现为一种具体的能力和素质，而从更深层次上探究，它却与大学生的思想政治教育密切相关。网络素养教育有利于在自媒体时代下把思想政治工作贯穿教育教学全过程，有利于满足大学生主体需要、及时顺应教育新环境、丰富教育新内容，有利于更好地实现思想政治教育的根本目的和任务，开创大学生思想政治教育创新发展的重要领域。

（1）有利于关注大学生主体需求，提高思想政治教育实效性

马克思说："任何人如果不同时为了自己的某种需要和为了这种需要的器官而做事，他就什么也不能做。"②新的时空领域必然导致新的实践，大学生在网络空间中的实践活动也必定是为了满足其自身某种或物质或精神的需要而存在的。高校思想政治教育者必须深入调查，学会倾听、换位

①　中共中央马克思恩格斯列宁斯大林著作编译局编译. 马克思恩格斯选集（第1卷）[M]. 北京：人民出版社，1995：135.

②　中共中央马克思恩格斯列宁斯大林著作编译局编译. 马克思恩格斯全集（第3卷）[M]. 北京：人民出版社，1960：286.

思考，真正地去了解大学生在网络社会中的主要实践内容，密切关注他们在网络社会中的主体需要。

大学生是自媒体时代下网络传播的主要受众群体之一，绝大多数的大学生都能够通过自媒体平台获取各类信息并进行社会沟通，以满足其自身的社会交往需要。但是，在面对纷繁混杂的网络信息时，大学生受目前的知识结构、思想观念以及社会阅历的多重限制，加之他们的世界观、人生观、价值观并未完全稳定，所以无法完全有效地对其进行辨别，无法顺利地透过现象究其本质，极易受到不良信息的误导和影响，往往造成部分大学生在网络社会中难以明辨道德是非难以严格把控自我的网络言论，更有甚者会出现政治立场模糊等问题。因此，思想政治教育者应当采取多种途径、多种方法的教育手段加强对大学生的网络素养教育，尽量使他们的精神需要得到引导与升华。积极开展大学生网络素养教育，帮助他们形成科学的网络认知，提高网络道德和法律素质，树立正确的网络安全观，有利于增强其应对网络世界挑战和风险的综合能力，正确地处理网络时空中的虚拟实践、虚拟关系，有利于满足大学生运用网络实现其自我和社会全面发展的需要，有利于进一步探索当代大学生的思想道德形成和发展的规律，提高网络环境下教育活动的实效性。

（2）有利于顺应信息时代大学生思想政治教育的新环境

得益于网络特有的虚拟性，人们在网络中所拥有的诸如性别、年龄、身份、职业等社会识别标志都可以虚构，但它的虚拟性也造就了网络的自由性。身处现实生活环境中的大学生，受传统观念、道德规范、法律约束、风俗习惯等社会限制，他们的思想言论、行为习惯往往不能够完全真实自由地阐述和表现，而网络环境中的大学生却可以自由地向他人表达思想、发表观点、抒发情感。可见，网络的虚拟性、自由性、开放性为大学生提供了比现实生存环境更为广阔的日常交往和社会实践空间，也有利于促使他们关注社会、认识自我。

网络为每一个社会成员各抒己见提供了便捷的渠道，也改变了传统思想政治教育中以教师为主、学生为辅的主客体关系，大学生可以运用网络自主获取所需的各类信息，不再被仅有的教材、固有的课堂所限制，思想政治教育者面临的教育环境也因此变得更加复杂。特别是国外敌对势力，故意利用互联网进行渗透破坏活动，造成了不同文化和价值观念在网络世界中的激烈冲突。

由此可见，思想政治教育者必须提高大学生的网络道德和法律意识，使他们学会珍惜网络自由、反对网络戾气，更要致力于提高大学生对网络信息的辨别能力、驾驭能力来应对变幻莫测的网络环境，积极开展网络素养教育实践，以顺应价值多元化信息时代下的思想政治教育的新环境，为大学生点亮理想的灯、照亮前行的路，更要激励大学生勇做走在网络时代前列的奋进者。

（3）有利于更好地实现大学生思想政治教育的根本目的和任务。

在新的时代条件下，针对大学生思想政治教育面临的新挑战、新问题，结合青年学生的成长规律和教育规律，理论联系实际，在继承的基础上不断创新，大力加强大学生网络素养教育，有利于更好地实现思想政治教育"促进人自由而全面发展"的根本目的。立体、细化教育内容，全面培育其网络知识与技能素养、网络信息甄别素养、网络道德素养及网络法律与安全素养，有利于满足大学生需要和能力的全面发展；创造更加广阔的发展空间，提供其展示自我的平台，有利于促进大学生个性的全面发展；健全网络交往规则、遵守网络行为规范，有利于推动大学生社会关系的全面发展。不仅如此，与时俱进地提升大学生的网络素养，"要运用新媒体新技术使工作活起来，推动思想政治工作传统优势与信息技术高度融合，增强时代感和吸引力"[①]，有利于更好地完成思想政治教育的根本任务：培养和造就网络时代下"有理想、有道德、有文化、有纪律"的社会主义新人。

具体而言，培育和提升大学生的网络信息甄别素养，有利于督促他们不断提高自身对网络信息的判断能力、解读能力、选择能力，从而对复杂的网络信息去伪存真、去粗取精，在不同意识、不同观点的碰撞和交融中，坚定正确的政治立场，树立崇高的理想信念，把共产主义理想内化为个人理想并为之奋斗，成为新时代"有理想"的社会主义新人。

培育和提升大学生的网络道德素养，有利于他们明确网络道德的判断标准，增强其道德选择能力和对不良信息的抵抗力，帮助他们在应对当前

① 习近平在全国高校思想政治工作会议上强调：把思想政治工作贯穿教育教学全过程 开创我国高等教育事业发展新局面 [N]. 人民日报，2016-12-09（1）.

复杂的网络环境时重视道德自律，以社会主义道德原则和内容来规范自身的网络思想和行为，以共产主义的道德规范作为自身的奋斗目标，主动提升网络道德境界，成为引领社会主义道德新风尚的"有道德"的接班人。

培育和提升大学生的网络知识与技能素养，有利于他们掌握基本的网络科学技术、参与网络信息传播手段，也有利于提高大学生的网络文化意识，发挥大学生的力量优势来丰富各类信息服务、繁荣网络文化，切实发展和壮大我国的网络文化产业，早日实现党的十八届五中全会中正式提出的"网络强国战略"，培养一批批具有较高网络知识与技能素养的"有文化"的建设者。

培育和提升大学生的网络法律与安全素养，有利于向他们普及网络保护意识和明确的法治意识，树立"法律至上""依法治国"的观点，有利于大学生在网络交往中自觉遵守国家的法律、法规，严格依法办事，坚决执行党和国家的政策，承担起身为"有纪律"的当代大学生为净化我国的网络生态环境、规范网络社会秩序的社会责任。

（三）是提高大学生综合素质的需要

1. 有利于提高大学生思想政治素质

当我们进入网络信息化社会中，西方多元价值观通过网络、电视等诸多媒介进行潜移默化的传播与渗透。由于信息化社会具有信息海量化的特点，在其中存在着大量的负面价值观。当代大学生正处在一个世界观、人生观、价值观都尚未成熟的阶段以及对于信息的鉴别能力处于较低水平。这样便容易造成大学生的思想和行为的偏差。当今时代，网络的虚拟性和交互性加剧了当代大学生道德感和责任感的失范，广大学生很有可能是不良信息的传播者，甚至会让大学生主动成为不良信息的制造者。增强大学生的网络道德素养和加强正面的宣传教育不仅有利于增强大学生自身的免疫力，而且有利于正确引导大学生识别和看待不良的网络信息。对于大学生网络素养的增强可以帮助他们树立符合当代主流的世界观、人生观、价值观。思想道德素质的核心是世界观、人生观、价值观的教育。网络素养的增强可以从理论和实践两个层面增强大学生的思想道德素养，帮助他们科学地认识世界和改造世界。因此，对大学生进行网络素养教育是大学生思想政治提高的重要途径。

2. 有利于提升大学生网络素养水平

由于"网络"这一新兴事物在我国发展时间短、速度快、变革大，青年大学生面对应接不暇的网络新事物还缺乏充分的素养准备。对此，有学者研究表明，大学生的网络素养水平目前还处于比较低的层次，迫切地需要对他们开展网络素养培育。具体来说，当代大学生在网络素养层面还体现以下几点不足：第一，大学生青睐社交媒体，社交媒体的信息成为大学生获取信息、了解社会的重要来源，但是大学生网络信息辨识能力较弱，容易被各种复杂信息所迷惑。第二，大学生使用网络的自控能力不足，容易沉迷网络，且大学生在上网过程中注意力分散，长时间浏览娱乐网页，经常忘了自己最初的诉求。第三，当下的大学生倾向于网络维权，将生活中遇到不公平待遇发到网络中，试图引起更大范围的关注，有研究将大学生的网络泄愤行为比喻为网络潜在事件的"发动机"[①]。第四，大学生具备一定的网络道德自律和守法意识，但是对网络中的不道德行为及违法行为认识不清，缺乏网络正义感。第五，大学生的网络安全意识薄弱。大学生网络中隐私保护的意识和能力较弱，另外对于网络诈骗防范意识不强，对于网络受骗后的维权路径不清楚。对于类似的素养短板，迫切需要专门的网络素养培育来加以改善。在思想政治教育视域下开展大学生网络素养教育，能够从科学认知、思想认识、价值观念、行为选择等层面为当代大学生提供相应的教育和引导，使其逐步规避网络认识和应用方面的误区，从整体上提升大学生网络素养发展水平。

3. 有利于培育大学生健康的文化心态

文化，狭义上是指精神生产能力和精神产品，包括自然科学、技术科学、社会意识形态。[②]在经济全球化的今天，各国及各民族之间的文化出现了互相碰撞和互相交融。随着经济全球化的发展，文化也出现了全球化的趋势，中国的文化不断地走向世界各国，而世界各国的文化也不断地走向中国。通过互联网这种具有开放性和交互性的传播渠道，世界的各种文化出现了前所未有的交融，互联网已成为世界多元文化的共同载体。通过网络素养

① 杨维东. "90后"大学生网络媒介素养现状及提升对策研究 [D]. 西南大学，2012.

② 金炳华. 马克思主义哲学大辞典. [M]. 上海：上海辞书出版社，2003：359.

教育，使大学生正确地使用网络，对网络文化能够"取其精华、去其糟粕"，理性地使用网络资源，从而培养其健康的文化心态，学会理解、尊重和包容它种文化，吸收它种文化的优秀成果，同时在文化创造过程中也能树立民族文化的自信心，将中华民族优秀传统文化发扬光大。

4. 提高大学生的公民权利意识

政治民主化，从广义上看是指历史发展进程中，政治从少数人统治向多数人统治发展的全过程，从狭义上看是指传统社会向现代社会转型过程中，政治的形式和内容从非民主走向民主，特别是指从专制走向民主的过程。今天，推动政治的民主化和公民权利的实现仍然是我们中华民族的伟大理想。实现政治民主化，有助于实现人的自由全面发展。随着互联网的出现，国民通过网络可以隐匿真实身份、自主地选择信息、自由地表达自我，实现信息传播者和信息接收者之间平等地互动。这就为实现政治民主化和公民权利提供了适时的历史机遇和广阔平台，同时也为公民能够实现思想上的自由和言论上的自由提供了技术方面的支持。网络素养教育能够为提高大学生的公民权利意识创造良好的条件，通过教育使得他们学会在网络的世界里应该如何在言论自由的公共空间正确地表达自己的观点，让他们逐渐成长为促进中国政治民主化进程的强大的理性力量。

5. 缓解大学生心理压力

当今的大学生面对着许多社会压力。高等教育的普及化，使大学生的数量急剧增加，社会和人力资源市场对人才的要求越来越高，大学生面临的学习和就业压力也越来越大。同时，虽然我国经济水平不断加强，人民生活状况较以往得到了很大改善，但依旧有很多大学生的经济状况较差，时刻面临着家庭压力。此外，大学生还处于青春期向成年期的过渡时期，该时期个人的身心变化较为迅速，大学生开始逐渐负担起成人的各类工作，在各类情感方面也会开始建立起更为成熟的思想观念。在这种变化中，大学生往往会面临情感压力和生活压力。倘若大学生长期无法排解这些心理压力，将会对其身心健康产生负面影响。因此，网络具备的开放性和匿名性为大学生提供了缓解心理压力的空间。一方面，在网络平台上，大学生可以卸下真实生活中的一些顾虑，摆脱现实环境中的一些压力，展示内心真实的各类情感，在网络中对自己进行重新塑造，尽情地与他人交流互动，获得自我认同感。另一方面，网络也为大学生进行心理健康自测，在网上进行心理咨询，自主学习心理知识，为大学生释放不良情绪提供了新的渠道。

6. 提升大学生自我教育能力

大学生网络素养水平的提高对大学生自我教育能力的锻炼起到了帮助作用。一方面大学生网络技能操作能力得到提升，大学生能够在各种论坛、贴吧、QQ群、博客、微博等平台展现自我，这些平台提供了更多途径帮助大学生认识自我，大学生也能够通过发微博、发帖子等来判断自己的受关注程度和受认可程度，使大学生更清晰地认知自我。另一方面，提高大学生网络认知能力，也能使大学生对现实中的事物认知能力得到相应的提高，能够减少负面信息给他们带来的影响。大学生只有具备了高水平的网络素养，才能自动屏蔽、过滤掉那些不良信息，对网络信息进行合理有效的利用。培养大学生形成高水平的网络道德素养，在网络这个虚拟世界里仍然要遵守道德礼仪，虚心接受他人对自己的评价，与他人进行文明健康的网络交流，有助于大学生更好地摆正位置，认清自身价值。大学生在运用网络时自觉主动地遵守网络规定，规范自己的言谈举止，这个过程有助于大学生找出自己的优点与不足，再结合他人对自己的评价，更全面地认识自我，在自我评价的基础上去进行自我践行，达到自我完善的目的。

近年来网络社会发展速度不断加快，网络影响的领域和范围也不断加深，对大学生身心健康的发展的影响越来越大，对大学生三观的形成也起着至关重要的作用。大学生是社会主义建设事业的主心骨，他们的发展影响着国家未来，他们是民族的希望。大学生网络素养教育的开展，能够在一定程度上提升大学生法治安全意识和网络道德修养，学会正确运用网络，具备基本网络技术操作能力；提高网络生存的能力，大学生就能够尽量抵制不良信息的危害，避免他们走上违法犯罪的道路；通过网络素养教育，引导大学生理性对待网络信息的大肆传播，深入辨析网络信息的本质；通过大学生网络素养教育才能真正地实现大学生自由全面的发展。

7. 是当代大学生实现终身学习构建的前提和保障

随着现代科学技术的突飞猛进，一方面，人类信息知识不仅在数量上快速增长，在信息更新变化的节奏上愈来愈快，知识海量化使大学生必须对传统的学习模式做出调整与更新。另一方面，现代网络技术的快速发展，促使大学生的学习方式发生了变化，网络提供着发展的技术支持。因此，当代大学生的终身学习是科学网络技术进步的客观要求，也意味着文化传承方式的新变革。作为终身学习的武器之一的网络，是未来生存和发展的重要载体。网络素养是终身学习不可或缺的因素，是终身学习的基础和保障。网络素养教育可以帮助大学生自觉抵制网络环境下的不良现象或事件的负面影响，对大学生的网络行为起到自我调节和自我控制的效果。网络素养的培养把传统的道德培养延伸到课堂教学体系之外，增强了大学生对网络信息做出正确的道德评价能力，最终会有利于大学生对未来学习、生活、工作过程中做出科学的选择，为未来的发展提供安全保障。因此，从一定意义上讲，对大学生进行网络素养教育是赋予他们一个获取终身学习的优良武器。

总之，开展大学生网络素养教育工作，一方面能够更大程度地发挥网络的积极影响，在拓展大学生视野，丰富大学生知识的同时帮助大学生理性地接收网络信息，屏蔽不良信息，提高知识水平的同时提升信息辨识能力；在主体意识形成和个性发展的过程中，树立正确的世界观、人生观、价值观。另一方面，能够降低网络对大学生的消极影响，让大学生认清现实与虚拟的区别。新媒体时代网络素养是大学生成为高素质人才的必备能力，因此，必须重视开展大学生网络素养教育，并将其作为新时代高校思想政治教育工作的新内容。

第三章　大学生网络素养存在的
问题及影响因素

随着互联网的发展和普及，高校大学生成为互联网最活跃的用户。高校大学生处于从学生到社会的过渡阶段，他们的认知能力、社会适应能力和价值观有明显区别于其他社会群体。随着新媒体时代的到来，网络的交互性与开放性更强，如何处理新媒体和网络素养的关系，怎样解决高校大学生网络素养存在的问题和提出解决对策，成为众多专家和学者研究的议题。为深入了解高校大学生网络素养的现状，探究高校大学生网络素养存在的问题，笔者通过资料查阅、文件检索的方式，运用文献研究法、比较分析法和网络问卷调查法对当前我国大学生网络素养教育存在的问题及影响因素进行调查与分析，从网络道德素养、网络甄别素养、网络自我管理素养、网络安全素养和网络法律法规素养五个方面，指出了存在的问题，并着重分析其影响因素，有利于对大学生网络素养教育进行进一步探讨。

一、大学生网络素养存在的问题

（一）网络道德意识淡薄

当代大学生的网络行为失范首先表现在网络道德的失范上，在教育心理学的论域中，个体的道德心理由个体道德认知、个体道德情感和个体道德意志三个方面构成，其中道德认知是前提，道德情感是核心，道德意志是关键。基于上述认识，本书通过网络道德认知、网络道德情感和网络道德意志三个维度来考察当代大学生网络道德意识淡薄问题。

1. 在网络道德认知上清晰与模糊并存

大学生的网络道德认知是指大学生自身对网络社会道德规范以及对其所蕴含的网络道德必然性和网络道德规律的认识，是大学生对网络社会中的道德事实和道德现象的把握。大学生网络道德认知的功能体现在将网络道德的应然性有效地转化为大学生网络道德的行为，培养大学生的网德。认知是道德规范内化和道德自律行为的先导和基础，主要是起到理性指导的作用。不难看出，大学生对网络道德认知的清晰和准确程度是大学生能否形成较高的网络素养的重要前提和基础。一个网络道德认知水平不高的大学生，是不大可能形成较强的网络道德自律意识，更别说网络自律行为和网络素养了。也就是说，大学生网络失范行为的产生首先与网络行为主体对网络道德认知的清晰程度有关。

目前关于网络社会及网络行为的特征的认识上，网络的虚拟性和匿名性特征得到了学界和社会的广泛认同，并且认为这两个特征一方面是人类个体自由的重大进步，另一方面也是带来网络行为失范甚至网络犯罪的重要客体性根源。网络行为的虚拟性特征使得很多网络行为主体误认为在网络中无须为自己的行为负责。在"网上的行为是虚拟的，所以无所谓道德不道德的"观点调查中，持"非常不赞同"态度的为18.8%，"比较赞同"态度的为25.4%，"比较不赞同"态度的为40.3%，"非常赞同"态度的为15.5%。其中前两项之和达44.2%，说明有44.2%的被访者认为网络社会是一个无关道德的社会。后两项之和为55.8%的被访者则持相反观点。这表明超过四成被访者对网络社会是否有道德的认知是模糊的，只有过半的被访者对此的认知才是清晰和准确的。

匿名性被认为是导致网络行为失范的另一个技术性根源，网络行为的匿名性使得网络行为主体误认为因为"身体不在场"而网络道德行为无法受到谴责和惩罚。当人们认为别人永远不会知道你是谁的时候，网上行为就会肆无忌惮。在这样的环境或者初步具备这样的环境下，人们倾向于放松自己的或肯定或否定的行为。① 笔者在网络问卷调查中设计了"在网络聊天时，经常有人说脏话或者对别人进行口头人身攻击"这样一个观点

---

① 华莱士，谢影，苟建新. 互联网心理学 [M]. 北京：中国轻工业出版社，2001：206.

态度题来测量大学生对此观点的认知。认为"无法容忍，应该制止"的占36.4%，"可以容忍，不必介意"的占23.0%，"无所谓，大家都这样"的占35.6%，"说不清"的占5.0%。其中第二和第三项之和达58.6%，说明有近六成的被访者认同甚至在行为上接受了"网络行为无须负责任"的观点。由此可见，当前大学生的网络道德认知，总体而言是清晰和模糊并存的。

2. 在网络道德情感上稳定与多变并存

大学生在网络活动中，会面对各种各样的道德情境、道德事件、道德现象，如对其他网络行为主体的行为评价，对网上盛传的道德现象的评价，等等。在评价的过程中，总是会依据一定的道德规范来做出或者肯定或者否定的判断，从而产生某种内心的体验，这就是网络道德情感。因此，网络道德情感是指网络行为主体在一定的网络道德情境中，依据道德规范对某种道德现象或行为进行评价时所形成的一种内心体验。这种内心体验可以是认同或不认同、高兴或不高兴、或者愤怒不或愤怒，等等。网络道德行为要从他律转向自律，提升网络素养，必然经历一个网络道德内化的过程。网络道德内化的过程，既需要网络道德认知作为理性启迪的基础，又需要网络道德情感充当催化剂。因为情感是生命最为内核的东西，它是最率真、最个性的品性，是极不易伪装的东西，只有用率真的情感才能标志人的行为是否表现出真诚的、自愿的。从功能上看，大学生的网络道德情感有助于深化个体的道德认知，同时又是大学生进行网络道德评价的感性因素。个人的道德行动本身就是包含着理性和感性因素的。在回答"网络上的色情内容特别令人讨厌，我特别痛恨它"这一问题时，持"非常不赞同"态度的为22.1%，"比较不赞同"态度的为24.5%，"比较赞同"态度的为38.2%，"非常赞同"态度的15.2%。其中前两项之和达46.6%，有46.6%的被访者认为网络上的色情内容并不令人反感，他们并不痛恨网络色情。后两项之和为53.4%的被访者则持相反观点。这说明有近半数的大学生对网络色情内容是一种并不反感甚至非常支持的态度和情感。正因为这样，也就能够理解为什么大学生网民中有部分同学在网络色情内容中流连忘返了。正是这种对网络色情内容的不反感态度和情感弱化了大学生的网络自律意识，进而影响了他们的行为，造成网络道德较低的问题。由此可见，大学生对网络道德的情感也是喜忧参半的，既有稳定的方面，也有多变的方面。

3. 在网络道德意志上坚定与脆弱并存

网络道德意志是指网络行为主体在网络活动中面对一定网络道德情境时，根据自身对网络道德规范的理解，用自己正确的道德理念去战胜错误的道德观念，这是一个需要主体具有克服各种欲望、战胜各种诱惑的精神力量。网络社会是一个陌生人社会，熟人社会中的伦理道德规范被网络社会的虚拟性、匿名性所瓦解，外在的规制和约束减弱甚至不存在，网络行为主体的网络道德意志坚定程度就成了行为自律的重要堡垒。有些大学生沉迷于网络游戏、网络聊天、视频交友等活动，甚至出现网络犯罪等比较严重的网络失范行为，很大程度上是与大学生主体自身网络道德意志力不强高度相关的。在"我想控制或停止上网但没有成功。"这一问题的回答中，被访者认为与"我想控制或停止上网但没有成功。"这一状态"完全不相符""不太相符"的分别为13.6%和28.1%，"基本相符""完全相符"的则分别占到44.0%和14.3%。数据表明，被访的大学生中有58.3%的人有"我想控制或停止上网但没有成功"的网络沉迷倾向。可见，部分大学生网络行为中的道德意志力是比较脆弱的。总体而言，大学生的网络道德意志呈现出坚定与脆弱并存的特征。

以上对大学生网络道德意识的三个维度的考察表明，大学生的网络道德认知、网络道德情感和网络道德意志分别呈现出清晰与模糊并存、稳定与多变并存、坚定与脆弱并存的特征。这既在一定程度上从大学生主体自身的角度揭示了网络道德失范的现状和原因，也启示了加强大学生的网络素养教育的重要性和迫切性。

（二）网络甄别素养较弱

为调查大学生的网络甄别素养，本书设计了"您认为网络上发布的信息是否具有真实性？"这一问题，62.13%的大学生选择"视情况而定，理性判断"，这部分大学生既没有绝对否定也没有绝对肯定网络信息，相信他们在判断网络信息真伪之前，会预先充分考量，理性分析、判断网络信息；相比较而言，有16.52%的大学生认为"大部分真实"，13.42%的大学生表示"大部分不真实"，这部分大学生虽然想法有一些偏激倾向，但是，也可以看出来，他们半信半疑的态度，实际反映了内心的一种纠结心理，体现了他们具备一定的思辨能力，却又不自信的矛盾表征。不容乐观的是，对其中两个绝对性答案，选择"完全真实"和"完全不真实"的比重分别为 1.90% 和 5.03%，对这道题目的设计可以很直观地反映出，这部分大学生对于网络信息的态度，处于两个极端，一端毫无思辨过程，全盘接受；另一端满心怀疑，全部否定，这两种极端的想法均为网络思辨能力较弱的表现，负面效应较大，理应得到应有的重视与关注。

对于网络甄别素养的另一个考量，就是能否从冗杂纷乱的网络信息中有效甄别积极的、正向的，为己所需的网络媒介信息。当大学生面对网络上的纷杂信息时该如何选择，是接下来要考察的问题，对于问题"您如何选择搜索引擎查到的网络信息？"，结果反映超过 78.26% 的还是能通过多方考量，表态"多词条比对后选择最优信息"，也愿意付出时间、精力来对搜索信息进行考证后再做判断；不容忽视的是，出于从众心理或者贪图简便，居然有 17.81% 的大学生"选择大多数人点赞认同的就没问题"。这个比重如此之大，深刻地反映了这部分大学生的独立意识和批判意识严重缺失，思辨能力极差；还有极少数大学生表示"随便用一个"，信息选取随便，具有盲目性，同样是网络素养缺失的不可忽视的一种表现。

总之，当前大学生网络甄别素养较弱，辨别是非、真伪、善恶和美丑的能力较差，具体表现如下。

第一，价值观摇摆不定。网络平台鼓吹的西方价值观念、意识形态和政治主张，以此来攻击社会主义经济、文化政策，有的大学生在面对资产阶级意识形态下的个人主义、拜金主义的文化时立场不坚定、是非辨别能力还很弱，很容易受其蒙蔽，遭其蛊惑，在文化交流中模糊了自己的道德标准和价值观念，在思想上受腐朽文化侵蚀，在行为中开始向低俗标准靠拢等。

第二，从众心理较重、人云亦云。对网络内容不懂分辨真假，盲目相信。特别是当前微博、微信的流行，看到有些虚假信息被众多不明真相的人转发就信以为真，甚至会跟风转发，没有正确判断的能力，导致谣言肆虐，危害校园和社会。

（三）网络自我管理困难

大学生在利用网络学习、工作和生活的同时，也出现了沉溺于网络游戏、网络聊天、网络色情、网络恶搞等网络失范行为。大学生网络失范行为的产生，与网络行为规范的不健全甚至缺失有关，更与大学生网络自律意识的缺乏相关。因为网络行为是一种他律与自律相结合的行为。大学生网络自律意识薄弱，自我管理困难，具体表现为以下几下方面。

1. 网络交往方面

在现实生活中，受良好校园文化和思想政治文化课的影响，大学生能够做到言行举止符合道德规范要求，严于律己，那么在网络交往中又会有怎样的表现呢？就此问题，笔者设计了一个直接的调查题目，"您在网上有过欠失礼貌的行为吗？"，大家的答案很分散，选择"从没有"的占48.45%，"偶尔有"的占39.35%，"经常有"的占12.20%，从这个答案分布来看，大部分大学生在网络环境中仍然保持较高的道德意识，能够严格要求自己，而近乎一半的大学生则忽视了网络道德的约束力，网络行为略微放纵，以致触碰了道德底线。

2. 学术规范方面

网络媒介的利用，可以说是对技术的革新，更可以说是一种对道德自律提出的更高要求。不仅在日常网络交往中要注意，在学习中也应如此。就此，本书仅设问题"对于引用文章而未标明出处的行为"来调查大学生对遵守学术规范的态度，42.71%和17.29的大学生表示"几乎不会"和"从来不会"；有13.84%的选择"无所谓"，未发表明确态度；21.68%的选择偶尔会那么做，4.48%的大学生态度轻浮，选择"总是如此"。可见超半数的大学生在利用网络进行科研时，能够尊重他人的学术成果，秉承对自己、对他人都负责的态度，端正学习态度；然而约三分之一的大学生仍存在投机取巧心理，对自己论文剽窃的网络失德行为不以为意，未给予足够的重视。

3. 网络伦理与公德认知方面

除了从最日常的视角对大学生的网络言行做了调查，本书还渗透了一道态度类的评判选择题，通过其对以下这件道德失范的行为发表态度，进而来做具体分析。就"您认为，浏览色情网站是一件有失道德的事吗？"一题，选择结果不容乐观。有10.97%的大学生表示"非常同意"，45.97%的大学生表示"基本同意"，23.96%的大学生选择"说不清楚"，16.00%的大学生选择"不太同意"，3.10%的大学生表示"非常不同意"，由此可以看出，大约七成的大学生，能够认清浏览色情网站这种行为与道德失范之间的联系，其余的大学生则欠缺这种认识，某种程度上看，我国大学生网络道德意识现状严峻,亟须引起重视。对于问题"您对《全国青年学生网络文明公约》了解吗？"一题，仅有9.93%的大学生选择"非常了解"，16.39%的大学生选择"比较了解"，39.48%的大学生"基本了解"，除此之外，竟然有21.94%的大学生"不太了解"，12.26%的大学生"完全不了解"，可见，《全国青年学生网络文明公约》公约力作用效果仍需提升，影响力还不够广泛。

综上数据分析，我国当代许多大学生的网络媒介道德意识有待加强，必须予以重视，避免大学生道德相对主义蔓延、流行以及网络道德行为失范。

4. 普遍存在网络娱乐依赖现象

网络娱乐依赖成瘾，有"互联网成瘾综合征""病理性网络使用""网络行为依赖"等多种表述方式，包括沉迷于网络游戏、视频、购物、电子书刊等表现。这种行为，易导致荒废时间、滋生人际交往障碍、身心疲损、产生易怒心理，兼之与现实生活失语及情感封闭等危害性。网络娱乐依赖，这一现象在大学生中普遍存在，网络娱乐具有很强的吸引力，能满足大学生追求自我价值认同与寻求刺激的心理，对此成瘾的行为，就是网络自我行为管理与约束力不强，是网络媒介素养缺失的重要表现。

本书为了通过调查大学生的网络依赖程度，以此来反映网络素养的水平，设计了"您一天不上网有什么感觉？"一题，大学生对此的回答比较分散，仅有20.21%的大学生觉得"上不上网无所谓"，仍可以以平常的心态，作为独立的个体进行正常的生活与学习，不容小觑的是，竟有高达40.53%的大学生感觉"很不安"，更有39.26%的大学生，选择"接受不了"，这部分大学生，可能是出于学习、生活需要，也可能是仅仅因为简单的"网络依赖症"，偶尔不上网不适应。显然他们如若没有网络会感觉无所适从，已经养成了较强的网络依赖心理。就"您是否总会沉迷于网络游戏、电影、购物等网络娱乐活动"这一问题，可以从另一维度更具体、直接地考察到，大学生是否对网络娱乐存在依赖的情况，根据调查结果来看，有14.00%的大学生的网络自我行为管理能力较强，表示"完全不会"，有38.57%的大学生表态也比较明晰，表示"基本不会"，30.56%的大学生就已经在网络娱乐的诱惑下，摇摆不定，网络自我管理与约束能力就略显弱了一些。此外，还有16.87%的大学生表示"经常会，控制不住"，由此看来，这部分大学生没能很好地把控自己的时间和精力，贪图一时的享乐不能自拔，在网络自我约束上表现极差。这个比例已然不是少数，值得予以一定重视。

（四）网络安全隐患严重

随着网络的迅速发展和网络作为一种学习、工作和生活的基本工具得到广泛应用，网络的各种安全问题也日益突出，如隐私保护、网络欺诈、网络钓鱼、身份盗用、垃圾软件、恶意邮件、网络骚扰和网络暴力等问题日益凸显。大学生在日常的学习、生活中经常使用网络，尽管从知识层面上讲，大学生的网络信息技术基础都比较好，但大学生年纪轻，涉世未深，生活经验和社会阅历不足，往往网络安全和防范意识不强。

网络安全意识，是网络媒介素养的"防火墙"，只有在"安全盾牌"的庇护下，其他所有网络媒介能力方能"各显神通"。近年来，网络媒介变化日新月异，网络安全问题也日益凸显出来。网络安全问题通常由网络操作失误、网络高危漏洞以及有人恶意篡改、窃取用户身份、密码信息等方式引起，由此看来，无论是自身操作抑或是采取措施加以抵制，具备高水平的网络素养都是最佳选择。然而，就当代大学生当前的意识情况来说，并不乐观。一方面，由于自身网络媒介知识的缺乏，网络操作能力具有局限性，导致部分大学生对网络安全问题感到"无能为力"，索性任之自由发展，未给予重视；另一方面，部分大学生在自身未受到网络安全问题的侵袭前，出于侥幸心理，面对频发的网络安全新闻，持有"不关我的事"的心理，容易对安全问题掉以轻心。这都是网络安全意识不足的表现，有碍于大学生网络使用效率与发展。

之所以网络上个人身份信息被不法分子盗取的新闻屡见不鲜，一方面与骗术手段不断更新有关，除此之外，与媒介用户的防范心理较弱也有关系。那么，对于大学生来说，他们会有安全保护意识吗？带着这样的疑问，本书设计问题"您在网络上的个人身份"一题，对此的回答，选择"完全真实"的占5.97%，"偶尔真实，视情况而定"的占87.32%，"不真实"的占 6.71%，由此看来，选择视情况而定的大学生在网络诱惑中保持相对理性的判断，具备一定的网络安全意识，不可忽视的是一小部分大学生，要么是完全放松警惕，要么是过度警惕，这都是不可取的行为，个人身份信息固然具有私密性，不应随意发布，但是目前从网络安全方面考虑，很多权威网络媒介平台必须要求实名制，以防不法分子趁机从事违法活动，在充分对媒介平台了解后，适当的真实个人信息是必要的，可见，当代大学生网络安全意识有待提高。

当被问到"您是否掌握一定的网络安全技能并加以运用？"，62.44%的大学生表态"完全可以靠自己做好基本安全保护工作"，这部分大学生能够将理论付诸实践，在提高安全意识的同时，加强自身网络安全技能应用，具有理性与现实性。除此之外，28.45%的大学生表示"懂理论知识，运用不太好"，做出如此选择的大学生，一方面，从侧面反映出其网络操作能力不强；另一方面，也体现了其对网络安全隐患的轻视与漠视，应充分加强安全意识。更有 10.11%的大学生选择"不能"，可见，这部分大学生在主观意识上就排斥学习这种技能，并不愿付诸实践，网络安全意识极差。

当被问到"在公共场所使用网络后，您会及时关闭或者删除自己的个人信息吗？时"，有 73.65%的大学生表示"每次都会"，可以看出，多数人对网络安全问题，始终保持着高警戒度，知晓泄露个人信息的危害与后果，会危及自身网络安全；而高达 22.87%的选择"偶尔会"，这部分大学生也许主观上是知道个人信息泄露的危害，在使用网络后忘记删掉存留的个人信息，抑或是并未对此问题加以在意。无论出于何种原因，本质上来看，都不乏是网络安全意识欠缺的表现；让人失望的是，3.48%的大学生选择"从来不会"，这部分大学生虽占比较小，但是万不容小觑。充分反映了当前我国部分大学生网络安全意识情况不容乐观，仍有小部分大学生忽略网络安全问题，容易给不法分子以可乘之机，损害个人利益。

综上分析，大部分大学生具备较强的网络安全意识，抱着随意态度的大学生也不在少数，甚至完全忽略网络安全问题，一旦遭遇个人信息泄露，或者遭遇网络病毒侵袭，后果将不堪设想，亟须对其网络素养加以培育。

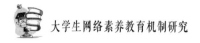

（五）网络法律素养不高

大学生是网民群体中知识和能力较高的一个群体，应该发挥其中流砥柱的作用，可是现实情况却不尽如人意。当前大学生网络素养普遍不高，主要表现在以下两个方面。

第一，网络法律意识淡薄、法律知识储备不足。一方面，许多大学生不清楚法律的边界在哪，什么能做什么不能做，甚至犯了法却不知道。例如有的大学生在现实中循规蹈矩，认为网络是法外之地，在网络中却肆意妄为。由于法律意识淡薄以身试法，给自己带来了无法磨灭的人生污点；另一方面，大学生自己被侵犯了却无动于衷，没有意识到应该用法律的武器保护自己，导致犯罪者继续胆大狂妄、危害社会。

第二，学习法律动力不足。大学生大都能意识到法律的重要性，但是没有行动起来去学习法律知识。内因是决定事物的主要因素，当学习没有了内生动力，即使进行灌输式教育也会"左耳朵进右耳朵出"，从而收效甚微。当学习没有效果，反过来又会对学习的动力和积极性产生消极影响。

二、大学生网络素养的影响因素

分析大学生网络素养的影响因素，是确定大学生网络素养教育对策的基本依据。因此，要提出科学合理而行之有效的大学生网络素养教育的对策，就必须在对当代大学生网络素养存在的问题的基础上进一步分析大学生网络素养的影响因素。大学生网络素养的形成及其现状是受到多种因素的影响的结果。从大学生的成长和生活环境来看，大学生思想观念的形成既受到学校教育状况的影响，又受到所处的网络时代的文化特征的影响，还受到与他们朝夕相处的同辈群体的影响，家庭教育、社会环境及自我教育也是不可或缺的影响因素。基于此，本书主要从同辈群体、网络文化、学校教育、家庭教育、社会环境、自我教育六个方面来探讨大学生网络素养的影响。

（一）同辈群体

同辈群体是指在一定的历史条件下，那些具有相似年龄和成长经历的社会群体。大学生的同辈群体是指在学习、工作和生活中，大学生结交的具有相似年龄和成长经历的社会群体。从同辈群体的来源上看，大学生的同辈群体主要是由其同辈亲属、同学和结交的朋友。从同辈群体的类型来看，网络时代的大学生的同辈群体主要有两类：传统同辈群体和网络同辈群体。在传统社会中，大学生的同辈群体主要是来自家庭中的兄弟姐妹、学校中的同学和同学发展而来的亲密好友，以及与社会上同龄人交往形成的朋友。而在网络社会或者信息社会中，大学生的同辈群体还来自网络构成的虚拟世界这一个虚拟空间，并且随着网络的不断普及和大学生涉足网络时间的不断增加，大学生的网络同辈群体会不断增加，构成与现实社会不同的另一个来源。不管是传统同辈群体还是网络同辈群体，由于他们在家庭背景、文化教养、兴趣爱好、年龄、性格特点等方面比较接近，经常聚集在一起，彼此之间有着很大的影响。因此，考察大学生网络素养的影响因素，必然离不开对其同辈群体影响的考察。

1. 同辈群体的网络认知的影响

由于大学生长时间与同学和朋友生活在一起或者经常与网络同辈群体在网上交往、参与共同的活动，因此，同辈群体对网络的认知对其网络素养有着不容忽视的影响。青少年的网络认知与其网络行为表现出较强的相关性，认为网络对社会生活和学习有积极作用的网民，其网络行为与网络认知有着较为显著的关联；而认为网络对社会生活和学习有消极作用的网民，其网络行为与网络认知之间基本不相关，仅有认为对学习有消极影响一项，与信息获取呈负相关。同辈群体的网络认知主要包括对生活的积极影响、对生活的消极影响、对学习的积极影响和对学习的消极影响等。具体而言，同辈群体关于网络对学习和生活的认知，既有可能拓宽大学生关于网络认知的沟通交流渠道，增进大学生对网络实践所需的知识和技能，丰富大学生网络生活所必需的经验，从而增强大学生网络自律意识，提高网络素养；也有可能通过与同辈群体的交流和沟通获得大学生各种网络越轨行为的信息、知识、技能、经验，从而增加大学生网络越轨行为的可能性，降低大学生网络自律意识水平，从而降低网络素养。同辈群体所提供的知识具有多元化和参差不齐的特征，很多大学生就是从同辈群体特别是网络同辈群体那里，了解到如何获得色情、暴力信息以及其他的为社会道德规范和网络规制所排斥的信息的方式和途径，而这些信息往往成为大学生网络越轨的重要因素，严重的会导致大学生走上犯罪的道路。近年来，由于网络交友不慎而造成大学生犯罪和其他越轨行为的报道，经常出现在各大媒体上，这在某种程度上证明了这一消极影响。如何发挥同辈群体的网络认知来影响和培养大学生的网络素养，尽力发挥同辈群体网络认知对大学生的积极影响，避免消极影响，对于提高大学生网络素养有着重要意义。

2. 同辈群体的网络道德的影响

"近朱者赤，近墨者黑。"作为那些在年龄、兴趣爱好、家庭背景等方面比较接近所自发结成的社会群体，同辈群体也是个人社会化的一个重要外在因素。和家庭、学校不一样，同辈群体会给他的成员带来大量的亚文化，这些亚文化有的是积极向上的，有的却可能是颓废堕落的。同辈群体中的"偶像崇拜"意识在大学生网络素养的形成过程中起着重要的作用。当代大学生尽管崇尚独立个性，强调主体意识，但他们的网络素养常常是追随社会流行的观点行为，真正属于独立思考和自主选择的成分并不多。不仅同辈群体网络认知对大学生的网络素养有着影响，同辈群体还是大学生学习和生活中的重要同伴，因此，同辈群体网络道德同样可能会影响到大学生网络素养的形成和现状。大学生更多的是模仿同辈群体，同辈群体中往往有一位或几位"带头大哥"即核心人物，他们在群体中具有较高的威信，是群体成员心目中的偶像，他们的网络道德对群体成员起着导向作用。同辈群体的网络道德对大学生对网络的认知和看法有着比较明显的影响。如何发挥同辈群体的网络道德来影响和培养大学生的网络素养，尤其是发挥同辈群体"带头大哥"的网络道德对大学生网络素养的正面示范作用，对于加强大学生网络素养教育，提高大学生网络素养有着重要意义。

3. 同辈群体的网络心理的影响

群体心理是指群体成员在群体活动中共有的、有别于其他群体的价值、态度和行为方式的总和，它是在群体成员的共同活动中，互相影响、互相作用下形成的，是群体成员同社会发生各种联系过程中所产生的心境、情绪、认识和反应。[①] 在网络行为中，同辈群体中群体心理主要是从众心理。从众心理的产生来自网络同辈群体的压力。社会心理学把这种在群体压力下个人愿意放弃自己的意见而采取与大多数人行为相一致的心理叫作从众心理。

---

① 吴焕荣，周湘斌. 思想政治工作心理学 [M]. 北京：航空工业出版社，1993：51.

在网络行为中，同辈群体往往通过模仿的形式来实现外显行为的相互认同和转化，最终实现自己的期望倾向，以达到对自身价值观点的影响。当代大学生大多为"独生子女"而且正处在心理的"断乳期"，由于社会阅历的缺乏，理论知识、思维水平还有待于提高，人生观、世界观、价值观尚未完全成型，再加上我国社会正处于转型时期，社会主流价值观尚未形成"道德共识"，而他们在自身发展中又存在着学习适应、情绪与情感的调节障碍、交往与恋爱的困惑、择业的迷茫等人生的现实课题。这些都导致他们在对自我发展的把握上具有无奈性、认知上存在着鲜明的模糊性。因此，同辈群体的网络群体心理成为大学生个体的网络认知、网络行为和网络道德的主要参照系，进而成为影响大学生个体网络素养的形成和提高的重要因素。

4. 同辈群体的网络遭遇的影响

社会学在对于"人们为什么会遵守规则"的研究中有一种视角叫作工具性视角。工具性视角认为，人们之所以会服从规则，乃是实际利益使然，人们在行动过程中是否服从规则，取决于由此所带来的收益和所付出的代价。大学生在网络实践中为什么会服从规则，同样取决于网络实践所带来的收益和所付出的代价。而同辈群体的网络遭遇则是用事实指示某种或者某些网络行为和实践所带来的收益和所付出的代价。可见，由于经常在一起学习和娱乐，大学生身边的同学和朋友，不仅会在网络认知、网络道德和群体网络心理上对大学生的网络素养产生影响，更为重要的是，同辈群体的自身网络实践和网络遭遇可能影响更大，因为这是真实并可信的活生生的"教科书"。众多的关于网络越轨行为甚至犯罪的相关研究都表明，大学生群体中的相当一部分有过网络越轨行为，甚至有的还涉及犯罪。因此，如果同辈群体的网络越轨行为事后受到了道德的谴责或者校纪校规，甚至法律的惩戒，那么，身边的同学或朋友可能会根据他们的网络行为所付出的代价来约束和规范自己的行为，逐渐形成网络自律意识，提高网络素养。因此，我们应该重视同辈群体的网络遭遇在大学生网络素养教育中的重要作用。

（二）网络文化

互联网作为一场全新的技术革命，对社会领域产生了巨大的影响。以互联网为载体，形成了一种迥异于互联网诞生之前的文化特征的文化，即网络文化。学界对于网络文化的探讨也是从互联网诞生并对现实社会产生影响之时开始的。当代大学生正处于网络文化蓬勃发展的时代，遨游于互联网世界的大学生天天接受着网络文化的洗礼，网络文化对大学生的思想观念和行为方式的影响已经成为不争的事实。因此，考察当代大学生网络素养的影响因素，需要正视网络文化对大学生网络素养的影响。

1. 网络文化技术性特征的影响

网络文化区别于其他文化的最本质的特征就是其技术性特征，因为网络文化的出现源于信息技术和网络技术的发展和进步。同时，网络文化之所以对现实社会及人的网络道德观念和行为产生影响，其根源也在于网络文化的技术性特征。网络文化的技术性特征主要包括虚拟性、交互性、共享性和时效性四个方面。根据大学生网络行为的特点，分别从虚拟性、交互性和时效性方面来探讨网络文化技术性特征对当代大学生网络素养的影响。

（1）网络文化的虚拟性特征与大学生网络素养

网络文化的虚拟性来源于虚拟的网络空间，并区别于互联网诞生之前人们一直生活的实体空间。"网络产生以后，人们的生存空间发生了变化，'赛博空间'是一个由无数符号组成的虚拟空间，在虚拟空间中每个人都可以尽情表现，许多在物理空间中难以寄托的梦想、行为都可以在虚拟空间中得以实现。在物理空间里人们所建立起来的一整套的准则和习惯被打破，取而代之的是一个全新的网络虚拟世界。"[①] 正是由于以往物理空间或者实体空间中已经建立起来的准则和习惯都不再起作用，所以人们在现实生活中难以表达或者羞于表达的思想和情感、想去做而慑于现实世界法律、道德规范制约而不敢去做的事情，现在因为网络文化的虚拟性而敢于去表达和实践了。当大学生在网络虚拟空间畅游时，网络越轨行为、网络失范行为的出现就不足为奇了。可见，正是网络文化的虚拟性特征给网络越轨行为以可乘之机，网络文化的虚拟性特征构成了当代大学生网络素养教育的一大挑战。

---

① 万峰. 网络文化的内涵和特征分析 [J]. 教育学术月刊，2010（04）：63.

（2）网络文化的交互性特征与大学生网络素养

从传播方式看，网络文化区别于传统媒体的本质性就在于其交互性。所谓网络文化的交互性是指从事网络文化活动的各个主体可以在网络空间中进行各种信息的交流和互动。网络文化的多向度、大范围和多层次的交互功能，改变了人们传统的阅读、观看和社会交往的方式，进而改变了人们的生存和生活方式，深刻地影响着现实社会。大学生在网络世界中，既是网络文化的消费者，又是网络文化的生产者和传播者。一方面，网络文化的交互性特征改变了大学生学习、生活的方式，改变了传统人际交往方式的限制，对于提高大学生的学习效率、丰富大学生的课余生活、扩大大学生的社会交往范围起着积极的作用。另一方面，方便快捷的社会互动方式也容易导致大学生在学习过程中上网剽窃他人知识文化成果、散发和传播不当言论和观点、结交不良同辈群体，构成了对大学生网络素养教育的又一大挑战。

（3）网络文化的时效性特征与大学生网络素养

网络文化区别于以往文化形态的另一特征是其传播不受限于时间、地点和空间，从而使得文化的传播变得更加高效、更加便利。通过网络，人们可以几乎与面对面同步的速度传输文字、声音、图像、视频，且不受印刷、运输、发行等因素的限制，可以在瞬间将信息发送给千家万户，而且用户也可以随时方便、快捷地获取所需信息。①一方面，网络文化的时效性特征既为大学生高效获得学习和生活中所需的各种信息提供了极为便利快捷的方式，也有利于改变大学生传统过分依赖于课堂教学和传统媒体获得所需信息资源的劣势；另一方面，网络文化传播的时效性特征，也可能为某些大学生利用信息传播快的特点去从事一些违纪违规甚至违法的活动，如考试过程中利用移动互联网终端如手机等即时通信工具传播答案、查找答案等舞弊行为，在互联网传播不当言论甚至色情图片、音频文件和视频文件等。可见，网络文化的时效性特征也对大学生网络素养教育有着重要的影响。

2. 网络文化的精神性特征的影响

文化的基本属性是其精神性，网络文化作为文化的亚类型之一，精神

---

① 万峰. 网络文化的内涵和特征分析 [J]. 教育学术月刊，2010（004）：62-65.

性特征同样是标志其赖以生存和发展的本质特征。开放性、平等性、多元性、自由性是网络文化的精神性特征。根据大学生网络行为的特点，简要探讨网络文化的开放性、多元性和自由性三个特征对大学生网络自律的影响。

（1）网络文化的开放性与大学生网络素养

网络文化的开放性表现为网民可以自由地访问各类网站以及网站上所公布的各类信息和资源，可以自由地在贴吧、空间、博客和微博等各类交互平台上发表各种言论和上传各种各样的资源。在网络文化中，开放性得到了前所未有的体现，超越了以往所有的文化类型的开放程度。任何网民都可以根据自己的意愿和需要，采取自己合适的手段，获得自己所需要的各种信息资源，任意地和网络世界中的其他网民进行自由交流，各种思想和观点都能在网络文化中安家，任何网民都可以在任意时间和地点通过网络文化传递信息和传播观点。网络文化的开放性特征，一方面极大地拓展了当代大学生获得所需信息的来源和渠道，开阔了他们的视野，增加了他们的情感交流和意见表达的途径；另一方面，也增加了他们接触各种不良信息和观点的途径，增加了他们网络交往的风险，增加了他们传播不良信息和观点的可能性。可见，网络文化的开放性特征对当代大学生网络素养教育也有着双重性的影响。

（2）网络文化的多元性与大学生网络素养

网络文化的多元性特征源于网络文化的开放性特征。网络文化的开放性使得网络文化产品不再受限于数量，从而各种各样、形形色色的网络文化齐聚网络，网络成为文化大狂欢的平台。多元的网络文化自然兼具各自特色和各自理念，从很大程度上满足了各种文化品位、文化需求和文化心理的网民的文化消费需求，也不断地突破人们对文化的包容度和心理承受能力。同时，网络文化的多元性特征，也凸显了不同种族、民族和国度的人们的文化的差异性和独特性，并在网民的海洋中寻找属于各自的文化认同。因此，网络文化时代，人们的人生观、价值观可能会受到不同文化的冲击。网络文化的多元性特征，一方面，对于拓展大学生的文化视野、尊重民族文化差异和特色、提升文化多元性的包容精神等方面有着非常重要的意义；另一方面，网络文化的多元性特征也容易导致人生观、价值观尚未定型的大学生在多元文化中迷失自我、在多元文化中容易受到西方国家意识形态渗透、在多元文化中容易迷恋低俗文化等不利影响。因此，网络文化的多元性特征对大学生网络素养教育提出了更高的要求。

（3）网络文化的自由性与大学生网络素养

网民可以自由地参与各种网络文化活动、自由地发表自己的言论、自由地表达代表各自立场的观点、自由地选择各自喜好的行为方式，这是网络文化自由性特征的表现。与开放性、多元性相一致，网络文化的自由性表征了网络文化的"各美其美、美人之美、美美与共、天下大同"的求同存异的主旨，显示出极强的包容精神。因此，网络文化为每一种文化、每一个网民提供了一个广阔而自由的对话平台，不仅扩展了文化的接触和交流的范围，增进了相互理解和尊重，而且扩大了不同文化背景的网民之间的接触和交流，增进了理解和包容。网络文化的自由性特征，一方面，为大学生提供了广阔而自由的言论表达平台、网络交往平台，有利于大学生独立判断能力、文化创新能力和人际交往能力的提升；另一方面，网络文化的自由性特征，也容易造成大学生在网络活动参与、网络言论表达、网络行为选择、网络交往对象选择上的无规范性，从而导致网络行为的失范。因此，网络文化的自由性特征，对大学生网络素养教育也有着不小的挑战。

3. 网络文化的主体性特征的影响

从文化创造主体来看，任何文化都是人类思想和观念的结晶，网络文化作为文化的一种类型，同样具有主体性特征。文化的主体性特征是人的自由意志的一种升华。文化是人类的类本质特征之一，人类既创造了文化，同时又在文化中成长和生活，文化是大学生社会化的重要因素之一。从人作为文化的创造者和文化的消费者角度来看网络文化的主体性特征，主要体现在网络文化的个性化、大众化、平民化和集群化四个方面。从大学生所处的年龄阶段、身心特征来看，大学生由于年轻气盛，个性张扬是其一贯特点；大学生处于象牙塔文化的末端，对文化有着特别的情结；大学生对公共事件反应敏感，并且对世俗有着愤青的态度，因而也易于迅速集结。根据上述大学生与网络文化主体性特征的相互契合之处，简要探讨网络文化的个性化、平民化和集群化特征对大学生网络素养的影响。

（1）网络文化的个性化特征与大学生网络素养

文化作为人类自己的创造物，本身就带有强烈的个性化特征，"文如其人"最初即是表达此意。但在传统现实社会中，由于受到政治、阶级、地位和身份等外在因素的限制，文化的个性化特征并不可能得到淋漓尽致的发挥，人们总是会要对现实社会环境有所顾忌。当然，这也成就了文化尤其是中国诗词歌赋的含蓄美。而网络社会的到来，网络以其虚拟、匿名的技术性特征为人类文化创造释放了前所未有的个人空间，给人们的个性以无穷无尽的舞台。网络文化凭借互联网这个平台，让文化的个性化特征大放异彩：在网络空间中，没有既定的价值标准，不存在统一的是非观念，没有强制的规范约束，只要不危及社会，不有意伤害他人，人们可以尽情展现自我。人们比从前任何时候更加容易接纳众多与众不同的观点，不论有些观点是多么奇异。大学生所处的年龄阶段和具有的社会化特征，决定了标新立异、标榜个性是他们的特权。他们经常会在各种交互平台上晒出自己个性化的文化宣言。从网络文化的个性化特征来看，一方面，大学生能在自由自在的网络空间中挥洒个性，彰显人生的独特和美丽，能在自由自在的网络空间中愤世嫉俗，标榜自己的年轻和与众不同；另一方面，网络文化的个性化特征，也容易使大学生陷于过分追求个性而与主流社会期望背道而驰，使大学生过分追求自我张扬而忘却集体价值观念的存在，进而导致大学生在思想和心理成年后与主流社会形成较大的偏差，可能引起大学生网络社会和现实社会中出现越轨行为甚至犯罪行为。由此可见，网络文化的个性化特征同样对大学生的网络素养教育有着一定的挑战性。

（2）网络文化的平民化特征与大学生网络素养

古代社会中文化是属于少数阶级和阶层的一种特权，现代社会，虽然文化已经从精英走向大众，但由于文化传播机制的限制，文化的创造和传播仍然只属于部分人。在网络上，所有网民都可以指点江山、激扬文字，颠覆了以往传统媒介时代文化仅仅来自专家系统和精英阶层的惯例。网络文化是一种平民文化，也是一种各种思想和观念激烈交锋、交流激荡的文化，去中心化和去权威化是其基本逻辑。网络文化的平民化特征，对当代大学生的网络素养同样有着双重影响：一方面，平民化特征有助于大学生避免盲目信仰权威、敢于挑战已有文化权威和怀疑已有文化定论，减少大学生网络行为的盲目性和从众性，有助于减少文化盲从，增进文化自觉和自律；另一方面，网络间互动平民性特征，也容易导致大学生无视传统、无视权威、无视文化经典，进而导致文化虚无，容易在网络生活中迷失方向，失去自律。

（3）网络文化的集群化特征与大学生网络素养

自古至今，有文学结社，但传统媒体时代，限于文化传播的地域性、交通、通信的不便，文学结社局限于非常有限的范围之内。互联网时代，网络文化在多元化、平民化等特征的基础上呈现出多群体化的特征。由于网络即时通信手段的应用，通过网络即时通信人们可以在网络文化空间中建立起自己的群组，这种集群可以基于相同的兴趣爱好，可以基于共同的利益关联，可以基于相互的支持和帮助，可以基于生活和工作的共同需要。有时候，即使是属于某个网民的个性化内容或者栏目，也可能在网民中引起共鸣而将大批的人迅速集结。同时，有时候还会因为某一个网络事件而引起网民的围观，并迅速形成集群化力量，或推动或阻碍事件的历史进程。大学生是网络文化中的活跃群体，更是网络集群化的参与力量和推动力量。一方面，网络文化的集群化特征有利于大学生以集体的力量参与到网络社会和现实社会建设中，有利于增进大学生的团结协作意识，有利于大学生网络自组织能力建设；另一方面，网络文化的集群化特征，也有可能被某些组织和团体所利用，参与到扰乱网络社会或者现实社会秩序的队伍中去，也有可能成为网络群体性事件的组织者和参与者，甚至有可能利用网络集群实施网络诈骗、网络犯罪，从而对社会秩序和社会和谐构成威胁。可见，网络文化的集群化特征，既可能成为大学生网络素养的积极因素，也可能走向相反的道路。

（三）学校教育

学校是有计划、有组织、有目的地向受教育者传授知识、技能、价值标准、社会规范，同时按照社会的要求有计划、有步骤地对受教育者施加影响，使之社会化的专门机构。当儿童进入学龄期后，学校的影响逐步上升到首要地位，成为最重要的个人社会化因素。[①]大学生的网络行为主要发生在大学校园里，高等学校既是大学生学习和生活的主要场所，又是大学生接受教育的主要场所，高等学校是否进行网络素养教育以及网络素养教育的实施效果直接影响着大学生网络素养的高低。总体而言，高等学校一直对大

---

① 陈成文. 社会学 [M]. 长沙：湖南师范大学出版社，2005：187.

学生网络素养教育起着主导作用，大学生的网络素养教育总体上得到了高等学校的重视，高等学校通过多种途径加强对大学生的教育，进行积极引导。加强网络道德教育，提高大学生的网络道德水平；加强大学生的网络法治教育，提高大学生的网络法律水平，从而使得大学生的网络失范行为有所减少。但是，国内相关研究表明，高校网络素养教育存在教育内容脱离网络生活实践、缺乏针对性、教育途径单一、教育方法落后、缺乏积极有效的监控措施和监督机制等问题。当前，面对规模日益增大的大学生网民，面对日益增加的大学生网络越轨行为，高校对大学生的素养教育是一种什么样的现状？又对大学生网络素养有着何种影响？这是本书此部分试图关注的中心问题。从教育过程来看，一个完整的教育过程应该包括如下几个要素：教育主体、教育内容、教育方法、教育载体（或手段）和教育环境。基于上述对教育过程基本要素的理解，本部分拟探讨上述五个要素对大学生网络素养的影响。

1. 学校教育主体的影响

教育主体是教育活动的基本要素之一，也就是日常生活中所说的教育者。一般认为，教育者是教育活动中以教为基本职责，对受教育者的素质发展施加影响的主体。在大学生网络素养教育中，教育者应该是接受过相关专业培训、具备扎实的理论知识，具有一定的教学实践经验和丰富的教学方法，并能用自己的教育艺术和人格魅力感染受教育者。作为大学生网络素养的影响者，教师可以充分利用网络对大学生的吸引力，探索既适应大学生特点又符合网络特点的网络教育方法和途径；教师可以通过多种互动形式进行网络教育，帮助大学生澄清关于网络的模糊认识，提高他们的网络素养。国内相关研究表明，从当前的情况来看，作为网络素养教育的主导者，老师自身存在着对网络素养教育的模糊认识，缺乏对网络越轨行为、网络道德等问题的深刻认识，从而影响网络素养教育任务的实现。作为网络素养教育的主导者，老师的教育观念比较老化，对网络素养教育这一新型课题多数时候仍然是采取老办法，即强制性的灌输教育。也就是说，存在着当前网络教育的主体认识模糊、观念老化等问题。在高校网络素养教育中，教育主体的服务功能或者作用主要体现为以下两个方面：一是领导和组织，即教育主体根据高校网络素养教育的要求和大学生的网络素养现状和实际,制定教育教学目标,组织教学活动,为学生提供教育教学服务。二是引导和激励,即通过为大学生教育教学的服务过程,引导大学生树立正确的网络自律意识和观念,并促成网络自律意识和观念向网络自律行为的转化,并且能够激励受教育者积极参与到教育教学的过程中来,从而提高教育教学的实际效果。

2. 学校教育内容的影响

国内相关研究者指出,在大学生网络道德教育中,存在内容上脱离网络生活,在组织和编排上也没有很好地满足大学生的兴趣和需要等问题。网络生活内容是多彩的,而现行的网络道德教育将道德从网络世界中抽取出来,变得教条,以备学生背诵、记忆,将网络道德内容变成了没有道德情感、道德意志的抽象物,使学生很难从中找到同自身生活成长相一致的契合点,无法把道德内化为自己的信念,外化为自己的行为。从教育学视角看,教育活动的顺利开展涉及诸多要素,教育内容是其中重要一环。同时,教育内容是联系教育主体和受教育者之间的中介,受教育者对教育内容的掌握程度是表明教育目标在多大程度上实现的重要标志。因此,教育内容的设置是否科学合理,是能否实现教育目标的关键因素。具体到高校网络素养教育而言,教育内容的设置是否科学合理,主要涉及三个方面,即内容的全面性、内容的科学性和内容的针对性。全面性是指高校网络素养教育的内容是否包括了网络知识与技能素养教育、网络信息甄别素养教育、网络道德素养教育、网络法律法规素养教育和网络安全素养教育;科学性是指高校网络素养教育的内容是否正确而无误;针对性是指高校网络素养教育的内容是否结合了网络意识教育的特点和大学生使用网络的特点。从这个意义上说,高校向大学生所提供的网络素养教育的内容是否具有全面性、科学性和针对性,会对大学生的网络素养的高低产生影响。

3. 学校教育方法的影响

作为一种手段、方式和途径,方法是人们实践中为达到某种目的或者完成某个任务的重要工具。教育方法是达到教学目的、完成教学任务的重要条件。科学的、适合的方法往往能使教学达到事半功倍。大学生网络素养的培养,不仅依赖于高校网络素养教育所提供的优质教育主体、全面准确和针对性强的教育内容,还依赖于其所提供的适合网络时代和大学生特点的教育方法。国内关于高校网络安全教育的研究认为，目前高校网络安全教育手段大多仍采用讲授或自学的方法，不求创新，不注重网络安全法律法规意识和网络安全技能的培养，脱离了高校学生的实际需求。对学生的吸引力不够，因此也未能引起学生对网络安全的高度重视而遭遇严重后果，甚至因为好奇或者求知或者求胜的心理而去充当网络"黑客"，进而导致更加严重的后果。此外，还有研究指出，在网络道德教育方面，虽然网络集多媒体优势于一身，可在屏幕上创造出活跃、轻松和愉悦的受教育方式，但高校的教育者并未能充分利用网络为其服务，而是因袭了以往的"灌输教育"和"全程讲授"的方式，导致大学生网络道德教育效果大打折扣。可见，教育方法对于培养大学生的网络素养具有重要意义，正确的教育方法是实现大学生网络素养教育目标的重要保障。

4. 学校教育载体的影响

作为承载和传递高校网络素养教育的教育内容和教育目的的中介和桥梁，教育载体在教育过程中发挥着重要作用。教育载体联结起教育主体、受教育者和教育内容，教育载体是否适合是衡量高校网络素养教育时效性的重要指标。具体而言，在高等学校网络教育中的载体，主要是指高校网络素养教育过程中提供给大学生的学习手段和学习工具。国外的网络素养教育载体是比较多的。如在网络安全教育方面，除了常规的课堂教育，世界各国普遍采取开设网络安全教育网站的方式，而网络安全教育网站又有两类：一类是网络安全教育部门开设的，另一类是政府直接开设的。如美国，政府直接开设的网络安全教育网站主要有"安全在线""在线防范"和"身份盗用中心"三个网站；英国主要有"停止身份欺诈"和"在线安全"两个网站。此外，大多数国家均开展全民网络安全意识普及主题活动，如美国的国家网络安全意识月和国家网络安全意识挑战赛、欧盟的网络安全意识日、英国的国家防身份欺诈周、澳大利亚的国家网络安全意识周、新加坡的网络安全意识日、日本的信息安全意识月，等等。[①]而国内一些研究资料显示，无论在教育载体的先进性还是多样性上，大学生对高校网络教育方法的评价都不高。和教育主体、教育内容和教育方法一样，高等学校网

---

① 张慧敏. 国外全民网络安全意识教育综述 [J]. 信息系统工程，2012（1）：41.

络教育的载体同样不容乐观，大学生的认同度依然是比较低的。高校网络教育载体的不乐观，将影响到大学生网络素养教育的效果，是大学生网络素养高低的重要影响因素。

5. 学校教育环境的影响

高校网络素养教育总是在一定的学校环境下进行的，人的观念、意识的形成和培养都要受到教育环境的影响。一般而言，环境是指"人类主体的活动赖以进行的自然条件、社会条件和文化条件的总和"[①]。教育环境在教育过程中的作用主要体现为，教育环境的好坏对教育主体和受教育者产生一定的影响，进而影响教与学双方对于观念、知识和技能的把握，最终影响到教育目标的实现程度和教育效果的体现。教与学的过程，也是一个心理过程，教育环境状况会对教育主体和受教育者产生或好或坏的心理刺激，从而影响教育主体对教学内容的传递和把握，也影响到受教育者对教育内容的接受和理解。因此，为大学生创造良好的学习和生活环境对学校网络素养教育有着非常重要的意义。在高校网络素养教育过程中，教育环境主要是指高校是否为大学生网络素养培养提供了良好的教学氛围、是否让相关部门和人员引起了足够的重视、是否为教育教学活动提供了良好的教学条件，等等。国内有关高校网络安全教育的研究认为，学校对网络安全教育不重视、开展活动也不多，教育效果不佳；还有研究者认为，教育主管部门没有深刻认识到网络安全教育的重要性，没有出台有关加强网络安全教育的指导性文件，导致各高校的网络安全教育具有很强的零散性和随意性。那么，当前高校网络素养教育的教育环境如何呢？笔者在问卷调查中设计了"在接受高校网络素养教育的过程中，您认为您所处的学习和生活环境"这个问题，并设计了如下四个选项："非常愉悦""比较愉悦""比较糟糕"和"非常糟糕"。被访者认为"非常愉悦"和"比较愉悦"的分别占17.6%和43.9%，认为"比较糟糕"和"非常糟糕"的分别占15.5%、23.0%。数据说明，有超过六成的被访者（61.5%）对当前高校网络素养教育的教育环境持正面评价的态度，但还有近四成的被访者对当前高校网络教育的教育环境不满意。大学生对高校网络素养教育环境的正面评价不高，

---

① 张耀灿，陈万柏. 思想政治教育学原理 [M]. 北京：高等教育出版社，2016：209.

会对大学生接受高校网络素养教育的效果产生不利影响，进而影响到高校网络素养教育目标的实现，最终对大学生网络素养的培养和水平的提高有着不利影响。由此可见，高校网络素养教育环境还有较大的提升空间。它启示着我们，要重视高校网络素养教育环境和教育氛围的营造。

（四）家庭教育

1. 家庭教育思想观念存在误区

由于大学生在家时间较少，家庭教育作为大学生思想政治教育工作中的重要一环往往容易被忽略。从某种意义上讲，人们思想品德的形成，都是从家庭开始的。家庭环境特别是父母对子女思想、道德等方面素质早期的形成和发展都具有重要作用，这是其他教育因素或环境所不具备的。家庭环境的好坏，在一定意义上影响着大学生的人格是否健康。各种家庭因素如家庭结构、经济条件、家庭关系影响和制约着大学生思想品德的形成发展。家长常常以自认为对的教育观念来教育子女，而这种观念不全都是科学的、有效的。时代在不断前进，但是很多家长的思想并没有同步前进，依然保持陈旧的、落后的教育观念，其主要表现在以下几个方面。

首先，家长认为子女上了大学就已经长大成人，摒弃了高中阶段对子女艰苦奋斗精神的督促，放松了对子女的严格要求，令其独自处理生活、情感问题。同时，有的家长不能以身作则，对子女严格要求却忽视律己，而且在与子女沟通时总是习惯性的唠叨和抱怨，缺少对子女的倾听和表扬，导致子女与父母之间容易产生激动情绪，影响家庭氛围。

其次，家长看待问题缺乏辩证思维。网络具有积极的一面，也有消极的一面，但是有的家长往往因为这些消极影响，就容易情绪化地全盘否定其积极作用。例如，很多家长提到上网就会想到学生网络游戏成瘾，所以因噎废食，坚决反对子女上网，这样的想法和做法太过极端，可能会适得其反。

2. 家长、高校、大学生三者间沟通不足

目前高校、家长、大学生之间还缺乏整体而有效的联系、沟通和协调，主要表现在：

第一，家长主要是为子女提供经济支持，把对子女的教育推向学校，很少关注子女的心理变化，与子女缺乏必要的联系和情感的沟通。对子女而言，精神上的引导和思想上的肯定比丰厚的物质条件更有意义，父母在精神上引导得好，即使在经济上有所欠缺，子女也能用艰苦奋斗的精神闯出一片天地。相反，父母在精神引导上的欠缺，子女往往更容易出现思想问题。

第二，家长几乎不主动与学校辅导员老师联系，这等于给子女的教育关上了一道门。大量研究表明，学生深层的思想问题可以追溯到原生家庭的影响。有些辅导员比较了解学生的家庭情况，在解决学生的问题时就更有针对性。

第三，高校的辅导员往往忙于繁杂的教务工作，与学生见面本来就少，更不用说主动与家长联系，一旦联系，常常是因为学生出现了某些问题。如果老师和家长经常沟通、互相了解情况，有些问题则完全可以避免。

（五）社会环境

1. 对网络环境监控力度有待加强

信息时代的变革，使大学生无时无刻不处于海量信息的包裹中。当今网络媒体迅猛发展，大学生学习、生活及其道德素养，都无法规避网络媒体的影响。若期望其保持较高的网络素养，就不得不加大网络环境的约束力度。良好的网络环境，既要依仗道德、法律、技术的支持，更需要网络媒介人规范自身，具有责任意识。两方任何一处缺失，都会造成网络内容传播杂乱、网络环境无序。然而，当今网络媒介环境相对复杂、松散，不利于良好网络素养的养成，具体表现如下。

（1）相关网络法规、道德规范对大学生的约束力小

据本书查阅资料发现，一方面，在制约、规范青少年的网络道德方面，我国 2001 年制定了《全国青年少网络文明公约》，在一定程度上，在制约大学生网络行为时，起到了提供参考标准的作用。然而，据调查显示，大学生关于"您会严格遵守《全国青少年网络文明公约》吗？"一题，有 18.54% 的大学生表示会"严格遵守"，44.76% 的大学生选择"比较遵守"，由此看来，这部分大学生能够严于律己，自觉遵守文明公约，而 36.70% 的大学生持无所谓态度，甚至有一定比例的大学生不了解这个公约，一直以来，

大学生网络道德事件也时而发生，可见《全国青少年网络文明公约》对约束大学生的行为以及网络道德的影响力，并未达到预期效果。

另一方面，关于公民网络安全、网络保护等法规，分别出台过《中华人民共和国网络安全法》《未成年人网络保护条例》，内容虽然相对全面，分管部门却偏多，最重要的是，截至目前，缺少专门针对大学生这个群体的明文法律规定，针对性不够，难以发挥网络立法规范大学生网络使用行为的作用，导致部分大学生在网络环境中缺少约束，肆意而为，不能很好地取得辅助教育的实效。

（2）部分媒体工作者职业素养低

媒体部门作为网络信息的发射源，是把握舆论的关键"喉舌"。受市场经济的影响，毫不夸张地说，越来越多的网络媒体的媒介人，职业道德缺失，为了追逐利益、博眼球，不惜淡化自身道德责任意识，夸大、扭曲事实，传播网络腐朽文化、不实信息等。在这样大量负面新闻的影响下，部分大学生产生思想困惑，未能及时做出正确判断，最终导致其价值认知被误导，产生偏差。除此之外，部分网络媒体人职责认知不清，不仅在网络信息把关上不以为意，创建的网络实践平台更是少之又少，尤其对于大学生而言，针对性不突出，是导致大学生网络素养中理性思考能力弱的一个重要原因。

（3）网络安全信息监控存在漏洞

安全、健康的网络环境，离不开人为方面的自律，更离不开技术监控的支撑。目前，我国在网络安全监控技术上存在漏洞，一方面，与网络新媒体日新月异的发展速度有关；另一方面，也与使用网络媒体的网民，其心理、行为难以掌控有关。然而，这并不是有充分的防范意识就足够应对的。在生活中，网民尤其是大学生，大多具备一定的网络安全意识，知晓一些网络安全知识，也很难完全避免被网络黑客窃取个人信息、资料的侵害，并且，这种事例屡见不鲜，说明我国在网络安全监控上存在漏洞，监控机制不健全，还有进一步研究加以营造安全网络空间的必要。也正是这些问题的存在，导致网络环境处于"危险"的笼罩下，影响大学生的批判思维、网络安全意识的养成。

2. 网络文化对社会主义市场经济环境的消极影响

自20世纪90年代初开始，我国开始大力发展社会主义市场经济之后，市场经济建设各方面对我国社会、民生的各领域都产生了巨大影响。强烈的市场需求、政策的鼓励引导、企业的资源支持共同推动了网络文化娱乐产业进入全面繁荣期。但是，同任何事物一样，双刃剑效应明显，既有积极影响，也有消极影响。这些消极影响主要表现在：

第一，资本的逐利性。享乐主义、个人主义、拜金主义等西方资产阶级价值观之风盛行。这种价值观、道德观的混乱和扭曲，致使部分价值观不坚定的大学生变得唯利是图，为了钱不顾一切，败坏社会风气。马克思提到道："资本来到世间，从头到脚，每个毛孔都滴着血和肮脏的东西。"[①]有的企业过度追求利润，大肆制造和推销伪劣商品，恶性竞争扰乱市场获取利益，这就容易导致部分大学生向他们看齐，唯利是图不顾道德与法律的约束，在网络中为所欲为。

第二，集体主义观念淡薄。社会上有一部分人损公肥私、中饱私囊、损人利己，大搞权钱交易，破坏党风政风，破坏了正常的生产和生活秩序。这种现象潜移默化地对大学生产生不良影响，使大学生认为这就是真实的社会，为了"适应社会"而认真学习起来，并把这种思想运用于平时的网络使用中。

（六）自我教育

18 到 24 岁，是青少年向青年过渡的关键时期。这一阶段，大学生的思想日趋成熟，价值观基本养成，心理和行为大多呈现出一些独有的特征，主要表现为自我约束能力较弱。而自我约束力，恰好是大学生在网络使用过程中，能够把握良好的网络素养的关键。当代大学生无论是在心理上还是行为上，自我约束能力都相对较弱。针对自身而言，大学生网络素养缺失的具体主观原因，主要表现在以两个方面。

1. 心理、情绪把控能力不足

首先，大学生身处特殊的成长阶段，普遍存在着这样或者那样的特殊心理、行为活动。学生在理想自我、现实自我及虚拟自我等多重身份的转换过程中，出现自我认知障碍，自觉反省不足，不能合理调节改善实践行

[①]　中共中央马克思恩格斯列宁斯大林著作编译局编译. 马克思恩格斯全集（第 23 卷）[M]. 北京：人民出版社. 1972：829.

为等问题。其次，网络资源庞杂与个体渺小的对比，使大学生形成心理压力，兼之实践过程遭遇困难，心理产生落差，面对网络负面诱惑缺乏自控能力，也不会及时总结教训、科学归因、适度调试。诸如：部分大学生对一切未知的新鲜体验事物愿意去接触，并尝试挑战，猎奇心理突出；情感态度不稳定，做事无恒心，三天打鱼，两天晒网……以上心理行为特征都会导致大学生自我约束力减弱。近年来，网络媒体花样繁多，对于大学生来说吸引力极强，由于沉溺网络游戏，身体熬坏甚至猝死的大学生事例不在少数。大学生倘若不提高自我约束力，又怎敢指望他在遇到网络道德问题时，能控制自己的行为，做网络守法公民呢？换句话说，大学生具有特殊的心理、行为表现，其自我约束力不强是导致大学生网络失德行为的重要因素。

2. 自主性发展能力弱化

大学生自主性发展能力弱化，表现为缺乏信息处理能力和创新能力，权衡不好如何丰富更新网络资源与全面发展、提升自我的关系。自主性发展能力，是关系到网络媒介素养高低的另一因素。一方面，在大学阶段，在学习上大学生更多的是习惯于高中的被动学习、被动接受知识的学习模式，短时期内，难以克服应试教育留下的影响。另一方面，大学相对宽松的学习环境，易导致大学生产生懈怠心理，不爱思考，不能养成由表及里的、本质的深层次思考方式与习惯。而是盲目随从一些网络上粗制滥造的信息实践活动，可想而知，大学生的主体表达需求在与群体交流的过程中，极易激化冲突，导致知识转化、信息整合效果差，其创新能力必然经历"滑铁卢"。对大学生来说，尤其体现在科研创新能力上，网络数字化带来的"便利"，易导致部分大学生心存侥幸心理，窃取他人学术成果后，来进行简单翻新，并沾沾自喜的现象。创造力低反映了网络媒介素养提升动力受阻，由此看来，大学生学习自主性较弱，是网络素养缺失的重要影响因素。

第四章 丰富大学生网络素养教育内容

对大学生网络素养存在的问题及影响因素分析的过程和结果启示我们，当代大学生的网络道德意识、网络甄别素养、网络法规与安全素养和网络自律意识等都有待提升。教育是指教育者根据一定的社会要求和受教育者的发展规律，有目的、有计划、有组织地对受教育者的身心施加影响，以期受教育者发生预期变化的活动。因此，要提升当代大学生网络素养，在受教育者自我修炼之外，重要的途径就是对当代大学生施加系统的网络素养教育。根据前述对网络素养概念的界定和教育的含义，本书认为，大学生网络素养教育是指教育者根据中国特色社会主义网络规范的要求和大学生身心发展规律，有目的、有计划、有组织地对其身心施加影响，以期提升当代大学生网络素养的活动。而要有效地对他们施加教育，其基本前提就是准确地构建大学生网络素养教育的基本内容。同时，构建当代大学生网络素养教育的基本内容，也是确定创新当代大学生网络素养教育对策的基本依据。因此，要提出科学合理又行之有效的大学生网络素养教育的对策，也必须首先把握大学生网络素养教育的基本内容。此外，网络素养作为新时代背景下出现的新型教育内容，其构成不应局限于媒介教育，而应被当作多学科的教育基础。从一般意义上而言，大学生网络素养培育的内容极为广泛，包括认知性教育、技能性教育、道德性教育等。然而，将大学生网络素养教育置于思想政治教育视域中加以考察，其教育内容应当围绕思想政治教育中大学生网络素养这一主题。据此，本章将根据前述对大学生网络素养存在的问题及影响因素分析，结合大学生网络素养教育的认知目标、情感目标、能力目标和价值目标，从网络知识基础性内容、思想政治主导性内容和文化建设创新性内容三个方面构建起大学生网络素养教育的基本内容体系。

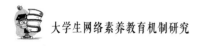

一、网络知识基础性内容

网络知识基础性内容是根据大学生网络素养教育的认知目标、情感目标和能力目标设置的，包括网络认知类教育内容、网络情感类教育内容和网络行为能力类教育内容。

（一）网络认知类教育内容

网络认知类教育内容是大学生网络素养教育的首要内容，它主要解决的是大学生对网络的认知问题，力求支撑起大学生对网络及其发展的科学认知。需要注意的是这里的网络认知，并非一般意义上"怎么看"网络的问题，而是如何从思想政治教育视域来看网络的问题。为此，就需要通过此类教育内容，引导大学生理解网络怎样、为何影响了社会的发展，以此作为认识网络的基础。应当说，网络给整个人类社会发展带来的影响是全方位的。然而，网络这一技术变革却只是人类社会发展的重要工具。对大学生的网络认知教育，应当从网络的工具视角出发，引导学生思考网络带来的这些颠覆性改变，学会反思网络产生的影响，进而转变对网络的依赖情感，建立起科学、理性的网络认知和网络自我角色定位。

1. 科学认知网络的经济影响

要教育引导大学生深刻理解网络对国家的经济发展方式产生了重大的影响。它加快了我国经济发展的速度，已经逐渐成为国家运行的建构性力量。网络经济打破了传统经济的地理空间局限性，促进了全球经济一体化的进程，国家之间在经济贸易上的联系更加紧密。近年来，不断壮大的线上支付，正使得中国的部分地区几乎进入了无纸币时代。中国线上支付平台在快捷和安全等方面目前处于世界领先地位，消费者也更加热衷于电子商务的消费方式，从而刺激了物流产业的发展壮大。物流产业的发展又带动了交通等基础设施的建设。而基础设施的发展则促进了城市政治、经济、文化的发展，缩小了城乡差距。网络就这样层层优化，推动了我国经济的发展。

2. 深刻理解网络的政治影响

要教育引导大学生理解网络对国家政治领域产生的重大影响。认识到网络对国家政治发展带来的机遇和挑战。首先，它扩大了国界的概念，使之延伸到了网络之中。"电子边界成为继领土、领海、领空之外的新疆界"[①]。这也使得国家治理从现实延展到了网络虚拟世界。网络中的信息强国,便以此输出本国文化、价值观念,从而对信息弱国实行渗透。境外敌对势力在网络平台恶意制造事端,利用热点问题和突发事件挑动公众的不满情绪,甚至还传播一些价值观念威胁我国的主流意识形态。其次,网络也推进了政治民主化的进程。网络赋予了公众更多的获取信息、发布信息的权利,而这些权利让公众更多地参与到社会的建设之中。由此,传统的金字塔式的权力结构开始消解,开始向分散型权力结构转变。因此,在国家不断推进民主政治的过程中,现存的价值观、现有的制度也受到挑战,国家政治、社会稳定受到了挑战。

3. 辩证认识网络的文化意义

引导大学生认识到互联网经济推进了网络文化发展,学生要辩证地认识网络文化。首先,网络文化非常迅速地占领了流行文化的主阵地,威胁了主流意识形态信息的地位。网络文化内容扁平化、低俗化越演越烈。"信息和娱乐的界线逐渐模糊"[②],充满色情、血腥、暴力的信息开始被包装成新闻的模样,公开合法地传播。这麻木了受众的神经,受众逐渐对理性、深度思考失去耐心。随着这场狂欢和奇观的泡沫越来越大,严肃、认真的信息在这样娱乐化的浪潮中被层层淹没。其本质也是将信息以娱乐的方式推送给受众满足受众的感性需求,这成了信息传播的潜在动力。反之,网络文化在削弱主流意识形态影响力的同时,也在用新的方式发扬中华传统文化。网络文化生产者成了中华传统文化的传播者。网络文化给了这些传统文化以新的包装方式重新得到大众追捧喜爱的机会。

4. 深刻体悟网络的学习变革

要教育引导大学生理解网络对人类的学习方式和思维方式带来的巨大改变,这让学生认识到网络学习的优缺点,有意识地利用网络提升学习效率。首先,从网络为学习带来的便利角度看,网络拓展了人类学习的渠道,学习不再受制于时间和空间。同时,网络串联起个体的力量,使得闲散的知识在网上得以整合,发挥巨大的价值。学者莱茵戈德认为,网络汇集的

①　王岑编. 网络社会:现实的虚拟与重塑 [M]. 长春:吉林人民出版社,2004:159.

②　邵培仁,陈龙. 新闻传播学新视野:媒介文化通论 [M]. 南京:江苏教育出版社,2011:2.

超级链接，链接了各个文本的出处，有着传统媒介难以达到的综合性。读者可以沿着这些出处，进行深入的探究学习。[①]其次，网络为学习带来的阻碍角度，网络信息碎片化的传播方式阻碍了学习的深度。在网络学习之中，很容易进入一种浅思的状态，同时也很容易被网页中无关的信息干扰，缺乏深度思考和辩证思考。最后，网络正在改变人们的思维方式，麦克卢汉说"媒介即信息"，网络媒介融合多种传统媒介的特性是一种发散性的思维方式，未经过系统训练的人们将不再具备传统的线性逻辑思维方式。

5. 主动感知网络的生活变革

要教育引导大学生理解网络对消费生活带来的巨大改变，这能够让大学生在网络消费中更理性，缓解大学生在物欲刺激下的焦虑。网络对消费的改变主要集中在公众消费方式、意图、动力等方面。首先，消费方式向网络购物转移。网络购物帮助消费者降低了单笔消费的成本，也使得购物本身超出了物理空间的限制，节约了时间。从总体性的消费结构来说，网络购物使得大学生过度消费、冲动消费的概率增加。从消费的意图来说，网络营造了消费文化的氛围，一方面体现在营销手段之中，例如："双十一"等；另一方面，消费后在网络社交平台发自己吃喝玩乐的信息来构建理想自我。

（二）网络情感类教育内容

网络情感类教育内容是新时代大学生网络素养教育的中心内容，它主要是引导大学生在网络生活中建立起良好的网络人格，在网络这一"虚拟"空间养成良好的情感态度价值观，避免现实生活境遇与网络虚拟空间的人格分裂，保证大学生能够做到线上线下行为一致。有了科学的网络认知，还必须要引导其形成积极、健康、向上的网络情感，尤其是要建立起科学的网络价值观。具体来讲，思想政治教育视域下大学生网络素养培育的情感类教育内容主要包括有网络主权意识教育、网络责任意识教育、网络道德批判意识教育、网络法治意识教育、网络安全意识教育及网络价值判断意识教育等。

[①] [美]霍华德·莱茵戈德. 网络素养：数字公民、集体智慧和联网的力量 [M]. 张子凌，译. 电子工业出版社，2013：8.

1. 网络主权意识教育

网络主权意识教育，就是思想政治教育视域下大学生网络素养培育要培养大学生积极的网络主权意识，形成科学正确的网络主权观念，进而增强大学生维护网络主权的自觉性和责任感。这是网络情感类内容中最为重要的内容，也是学生应当首要具备的情感观念。应当说，继陆海空天之后，网络空间已经成为人类生存的第五疆域。在互联网时代，国家主权的很多职能和权力必然表现在网络空间中，网络主权成为国家之间网络空间管理的重要疆域。然而，世界各国目前对于这一问题的认识并不一致。尤其是"网络主权"这一概念目前在国际上仍然是颇具争议的一个概念。为此，有些国家提供网络传播无国界，网络空间是全球公共领域，故而"网络主权"不成立。也有人认为主张网络主权就是保护落后，阻止了人类文明进步。反观这些思想舆论，其背后都有网络科技发达国家的身影。对此，要教育青年大学生形成正确的认识。"网络主权"并非一个虚拟性话题，而是一个切实涉及国家主权和安全利益的现实性课题。为此，思想政治教育要引导大学生认识到网络中国家主权的重要性。国家主权是一个国家独立处理本国内外事务，管理自己国家的最高权力。习近平总书记在第二届世界互联网大会开幕式上说道："《联合国宪章》确立的主权平等原则是当代国际关系的基本准则，覆盖国与国交往各个领域，其原则和精神也应该适用于网络空间。"[1]网络主权也是网络安全的重要前提和根基，而"网络安全和信息化对一个国家很多领域都是牵一发而动全身的"[2]，国家网络安全是国家多个领域平稳发展的重要保障。树立网络主权意识，能够辨识侵犯国家网络主权的行为和危害，是网民参与维护国家网络主权的重要前提。

2. 网络责任意识教育

网络责任意识教育，就是要通过思想政治教育有效培养大学生的网络主体意识，认识其在网络空间的责任担当，知晓其在网络空间的权利与责任，强化其网民角色意识，并进而自觉担当起相应的网民责任。在我国，建设

---

① 习近平：在网络安全和信息化工作座谈会上的讲话 [EB/OL]. 人民网. http://cpc.people.com.cn/n1/2016/0426/c64094-28303771.html, 2018-3-10.

② 习近平主持召开中央网络安全和信息化领导小组第一次会议 [EB/OL]. 新华网. http://news.xinhuanet.com/ politics/2014-02/27/c_119538788.htm, 2018-3-10.

网络强国是我们须努力的方向，这就要求大学生必须建立起与时代发展要求相适应的主体认识。党的十九大提出要优先发展教育事业，并办好网络教育，建设网络强国。这充分体现了党中央对网络教育和网络建设的重视和期望。中国特色社会主义进入新时代，大学生网络素养教育也必须紧紧跟上时代发展的步伐，担负起相应的教育使命。大学生的网络责任感只有伴随大学生对网络科学认识的不断强化而得到持续性增强，大学生也只有真正认识到自己的网络主体角色，才能明白自己相应承担的社会责任。然而，从大学生现实的网络生活来看，有些学生在复杂的网络环境中，既没有相应的社会责任划分，也没有相应的社会责任归属，在现实世界和网络空间的交织中，大学生对自己的社会地位有所混淆、对自我角色有所迷失，这非常不利于其社会责任感的培养。同时，网络世界中，由于大学生不受现实社会和现实道德法制的管教和约束，也在一定程度上放纵了缺乏理性精神的大学生群体，导致其放纵自我，漠视社会责任。针对这些现实问题，都要求在大学生思想政治教育中适时增设相应的网络责任意识教育内容，以引导大学生形成正确的网民主体意识，认清自身肩负的网络责任，从而更好地承担起相应的要求。

3. 网络道德批判意识教育

网络道德批判意识教育，就是要通过思想政治教育中的道德教育资源、方式、途径，使其道德教育功能向网络虚拟空间延伸，教育引导大学生科学认识网络伦理，形成科学的网络道德观，并用以指导其网络行为的教育实践活动。进入 21 世纪以来，网络信息技术的调整发展，极大地改变了人们的道德认识和道德生活。网络信息技术在带来人们极大便利的同时，也给人们带来了巨大的道德困惑。在网络虚拟生活领域，人们利用网络信息技术侵犯他人权益、窃取他人成果的行为屡见不鲜。网络信息技术运用的不规范、不道德现象屡屡挑战人们的道德底线。现实生活中，人们的道德建设在不断加强，而网络虚拟空间，人们的道德底线却在步步失守。如此强烈的反差，也给大学生带来巨大的困惑。网络生活领域到底有没有相应的道德要求？信息技术领域是否需要相应的伦理规制？当代青年又如何规范自身的网络行为？类似的这些问题，都在拷问大学生的智慧。在此背景下，大学生能否建立起科学的网络道德意识就决定了当代大学生的网络素养，影响到网络强国建设进程。为此，要高度重视大学生的网络道德批判意识教育，将其纳入思想政治教育的道德内容体系，有针对性地结合大学生的特点、结合网络发展新趋势，对网络现实展开道德批判的研讨，提升学生的网络道德批判意识。

4. 网络法治意识教育

网络法治意识教育，就是要在思想政治教育中充分发挥法治教育资源和平台优势，将网络法治意识教育融入思想政治教育各方面、各环节、各阶段，全面提高大学生的网络法治和法律意识，并使尊法、学法、守法、用法成为大学生网络生活的共同追求和自觉行动。大学生不仅需要具备良好的网络道德意识，而且还需要具备科学的网络法治意识，不仅需要捍卫自身的权利，还需要对威胁公共安全，威胁国家意识形态安全等行为保持警惕。网络的发展，也便利了不法分子，利用网络空间进行恶意攻击，如淫秽、诈骗、赌博、散布谣言等犯罪活动已经危害到国家公共安全，社会公共利益。习近平总书记指出"网络空间不是'法外之地'"，要"坚持依法治网、依法办网、依法上网，让互联网在法治轨道上健康运行"①。信息化是现代化的发动机，唯有依法治网，才能保障如今的新兴产业：智能工业、电子商务、互联网金融等的健康有序的发展，才能够保障网络经济各方主体的合法利益。自 2017 年 6 月开始实施的《网络安全法》，包括"明确了网络空间的主权原则""明确了网络运营者的安全义务""建立了关键信息基础设施安全保护制度""明确了网络产品和服务提供者的安全义务""进一步完善了个人信息保护规则""确立了关键信息基础设施重要数据跨境传输规则"等六大亮点。思想政治教育要教育引导大学生成为网络安全法的坚定拥护者和实践者。此外，还要教育和引导大学生广泛了解网络中其他的相关法律法规，还有与大学生密切相关的，如《大学生网络道德规范》《校园网文明公约》《大学生网络违纪处理条例》等校园网络规章制度，并使其将这些制度性的法律规定转化为科学化的理性认识和情感追求，用以指导自身的网络行为。

---

① 习近平在第二届世界互联网大会开幕式上的讲话 [EB/OL]. 新华网 http://news.xinhuanet.com/comments /2015-12/22/c_1117537911.htm，2018-3-10.

5. 网络安全意识教育

网络安全意识教育，就是高校依照国家有关网络安全的法律法规，依托思想政治教育资源和平台，教育和引导大学生维护互联网使用方面的安全，增强大学生的安全防范意识，培养大学生自我防范和自我保护能力的相关教育活动。加强大学生网络安全意识教育，可以培养大学生良好的网络行为习惯，为学生健康发展和网络安全发展做积极贡献。大学生网络安全既包括自身的安全，也包括大学生为网络社区和为国家网络安全承担的责任与义务。习近平总书记曾在网络安全和信息化座谈会上强调维护网络安全需要"树立正确的网络安全观"。他强调："网络安全是共同的而不是孤立的。网络安全为人民，网络安全靠人民，维护网络安全是全社会共同责任，需要政府、企业、社会组织、广大网民共同参与，共筑网络安全防线"①。大学生网络安全意识教育，要让大学生能够宏观地看待网络空间，认识到"网民—国家安全—网络安全"三者的关系。大学生网络安全意识需要大学生树立一种全局意识，坚守自己的道德责任感，发扬参与社会公共事务的热情。思想政治教育要积极引导大学生树立网络安全的责任感，要学会全面、辩证、联系地理解网络中的现象和问题。网络终端延伸到亿万网民的电脑和手机上，网络的应用已经彻底改变了我们的生产生活方式。当前的网络是一个泛在网、广域网，因此需要将网络安全的关注范围扩展到网络的各个角落，这就必须发动网民的力量。国家每年举行的"网络安全宣传周"活动，就是为了增强全民的网络安全意识，"共建网络安全，共享网络文明"。而大学生作为网民中活跃度高、学历高的人群，需要更加重视自身在网络安全中的贡献，成为网民参与维护网络安全的标杆。

6. 网络价值判断意识教育

网络价值判断意识教育，就是指大学生思想政治教育者立足于思想政治教育的资源和条件，以培育和践行社会主义核心价值观为主线，在大学生群体中广泛开展价值判断意识教育，引导大学生科学认识网络空间的价值观现象，帮助大学生增强在网络生活中明辨是非、区分美丑、识别善恶等能力，使其思想政治觉悟不断得到提高的教育实践活动。网络价值观教

---

① 习近平：在网络安全和信息化工作座谈会上的讲话 [EB/OL]. 人民网. http://cpc.people.com.cn/n1/2016/0426/c6 4094-28303771.html，2018-3-10.

育是思想政治教育视域下大学生网络素养培育的重要内容构成。因为，所有的思想政治教育聚焦于一点，就是"三观"的教育，而价值观是其中的重要一维。近年来，思想政治教育的现实状况引起了思想政治工作者的深刻反思。一方面，大学生思想政治状况的主流积极、健康、向上；另一方面，面对网络虚拟空间，包括大学生在内的青年群体却又表现出另外一面，其思想、情感、价值观令人并不满意。而且，网络虚拟空间还在不断蚕食现实思想政治教育的果实。究其根本，网络迅速发展的态势需要引起高度的重视。应当说，互联网极大地开阔了当代大学生的认知视野，促进了不同思想文化的交流，使大学生的价值观念更加多样、更加包容。然而，表现在网络空间的多样价值观念、消费观念、生活观念也造成了大学生价值认知、价值选择层面的困惑。"个人主义""英雄主义""超前消费""享乐主义""金钱万能"等不良思想观念，无形地影响到当代大学生的价值观的建构。甚至，"读书无用论"在大学生群体中一度再抬头。对于这些现实问题，大学生网络素养教育无以回避。只有直面这些时代发展提出的问题，并从根本上解决这些问题，才能确保大学生成为中国特色社会主义建设的一代新人、成为可担当民族复兴大任的时代新人。

7. 网络交往自律意识教育

（1）大学生的网络交往认知教育

对网络交往的认知，尤其是网络人际交往过程中可能存在的安全风险的认知，是保障大学生网民在网络交往中自身的利益受到损失的前提。因此，网络交往认知教育就是网络交往自律意识的重要内容之一。网络交往认知教育是指教育者根据中国特色社会主义网络规范的要求和大学生身心发展规律，有目的、有计划、有组织地对其身心施加影响，以期提升当代大学生网络交往认知水平的活动。网络交往认知教育的目标是，通过教育使大学生能够清醒地认知到网络人际交往中存在的风险，并在交往实践中形成自我保护的意识。网络交往认知教育的主要内容是如下三个方面：一是网络交往认知的重要性教育。主要内容包括对网络人际交往风险的认识、忽视交往风险可能给自身带来的严重后果。二是网络交往认知意识的培养教育。主要内容包括网络交往与现实交往的差异认知、网络交往的特点认知、网络交往风险的认知；如何识别网络人际交往风险、如何规避网络人际交往风险、网络人际交往危险境遇中应对措施等。三是网络交往认知教育的实践锻炼教育。需要教育者通过案例教学、模拟实践等教学方法，让大学生在网络实践或者模拟网络实践中提高网络交往认知水平。

（2）大学生的网络交往动机教育

网络社会是一个内在包含着不确定性的风险社会，风险是网络社会的内在构成要素。网络社会的技术性特征包括匿名性、虚拟性，也决定网络人际交往中存在匿名性、虚拟性和不确定性等特征。这些特征很容易被网络人际交往中的不法分子或者不怀好意的人利用。大学生的网络交往动机，根据不同的标准来划分，有多种多样的类型。在网络人际交往中潜藏着诸多不良的网络交往动机。因此，既要加强网络交往自律意识教育，又要加强网络交往动机教育。网络交往动机教育是指教育者根据中国特色社会主义网络规范的要求和大学生身心发展规律，有目的、有计划、有组织地对其身心施加影响，以期端正当代大学生网络交往动机的活动。网络交往动机教育的目的就是，通过教育让大学生认识到网络社会中的人际交往往往有着复杂的动机，既要自身端正网络交往动机，不做违背网络道德和网络法规的事情，又要在人际交往中防范他人的不良动机，以免给自己带来物质、精神甚至身体的伤害。网络交往动机教育主要包括三个方面：一是网络交往动机的重要性教育。主要内容包括端正自身网络交往动机的重要性、防范他人不良网络交往动机的重要性以及忽视网络交往中对复杂动机认识可能带来的严重后果的认识。二是网络交往动机的培养教育。主要内容包括网络交往动机的特点、网络交往动机与现实人际交往动机的差异、网络人际交往动机的影响因素、端正网络人际交往动机的主要路径和方式。三是网络交往动机的实践锻炼教育。教育者通过典型案例或者模拟实践等教学方式，锻炼学生在网络交往中如何建立正确的网络交往动机和识别不良的网络交往动机。

（3）大学生的网络交往诚信教育

诚信，是每个网络行为主体的立人之本，也是整个网络社会可持续存在和发展的重要基础。大学生的网络交往自律，不仅建立在对网络交往的正确认知和对网络交往动机的正当性上，还表现在网络交往诚信上。网络交往诚信是整个网络社会诚信的重要内容和重要体现。大学生网络交往不诚信主要表现在多个方面，例如，身份欺骗、网络聊天中虚言假语和虚情假意、编造和传播网络谣言、网络欺诈，等等。大学生的网络交往行为失范，很大部分就表现为网络交往诚信意识的缺失。因此，网络交往诚信教育也是大学生网络交往自律意识教育的重要组成部分。也就是说，加强大学生的网络交往自律意识教育必然包含网络交往诚信教育。网络交往诚信教育是指教育者根据中国特色社会主义网络规范的要求和大学生身心发展规律，有目的、有计划、有组织地对其身心施加影响，以期提升当代大学生网络交往诚信水平的活动。网络交往诚信教育的目标，是通过教育让大学生认识到网络交往诚信的重要性，并形成在网络交往中防范网络不诚信行为可能对自身造成的损害，最终为推动整个网络社会向诚信网络社会而努力。网络交往诚信教育的基本内容主要包括三个方面：一是网络交往诚信意识的重要性教育。主要内容包括网络交往过程中诚信意识对网络社会秩序的重要性认知、网络诚信意识对网络行为主体的重要性认知、网络交往不诚信的表现及其识别、他人网络交往不诚信的规避。二是网络交往诚信意识的培养教育。网络交往诚信意识的影响因素认识、网络交往诚信意识的本质理解、网络交往诚信意识的培养途径和培养方式。三是网络交往诚信的实践锻炼教育。教育者通过典型案例、模拟实践等方式让大学生在网络交往中建立诚信交往意识、掌握诚信交往方法、提高识别网络交往欺骗或欺诈能力，最终实现从诚信意识向网络交往诚信行为自律的转变。

（三）网络行为能力类教育内容

网络行为类教育内容是新时代大学生网络素养培育的根本内容，它主要是要引导大学生在网络生活中自觉形成科学合理的网络行为，进而达到合理用网、用心爱网、勇于护网的行为效果。大学生是否具有正确的网络行为能力，是大学生网络素养最直接的行为标准。人们通常将大学生的网络行为与其网络素养直接"画等号"。这就要求思想政治教育视域下大学生网络素养培育必须要最终落脚于培养大学生的正确的网络行为能力。具体来讲，主要包括网络复杂信息甄别能力、网络公益行为参与能力、网络空间团队协作能力、网络不良言行抵制能力等。

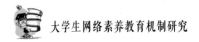

1. 网络复杂信息甄别能力

网络信息纷繁复杂，思想政治教育要教育和引导大学生在网络浏览中保持独立思考的能力，能够辨识信息。大学生要能够辨识新闻的真假；要能够理智地看懂舆论，在其中保持清醒的头脑；要能够识别网络中的"刻板印象"，保持自己独立的价值观判断能力；能够看透网络中"煽色腥"内容的本质。

要教育引导大学生科学辨识网络传播中的真假新闻。通过思想政治教育的引导，大学生要能够准确、迅速地判断出新闻的真假。假新闻通常指"在实际应用中，虚假新闻是一个比较宽泛的概念，是一个用来描述和反映各种失实新闻、假新闻甚至是公关新闻（涉及公关事实和公关事件、制造新闻、策划新闻等）现象的总概念"[1]。由此，假新闻的类型多样。其一，最常见的失实新闻，有事实根据，但缺乏全面公正的报道。其二，完全的虚构，没有任何客观事实。其三，策划性的新闻，故意策划编造某一事件，特意留给新闻报道，报道带有明显的目的偏向。其四，新闻在传播过程中失实，由于受众理解的偏差，在传播过程中失去或增添部分内容，成为假新闻。通过教育和引导，要帮助大学生提高真假新闻的识别能力。同时，要引导大学生追问假新闻传播的原因，以培养学生思考传播者的传播意图，思考传播过程可能产生的曲解，以及舆论对事件真相的影响。对于事件的真相进行多方求证辨析，判断真假。网络中假新闻传播的根源有四。第一，网络中假新闻的制造者，出于耸人听闻，哗众取宠，或者由于受利益驱动，为达成某一目的而左右舆论，博取点击量等，主动制造和发布虚假信息。第二，网络媒介的传播形式对假新闻的传播有着巨大的推动力。不同的网络平台，对假新闻传播力度有一定的差异性。其中，微博是假新闻传播最广的、最快的一种网络平台。由于，微博是一个积极介入传播的平台，微博用户对信息的传播非常主动，信息的再次传播和再次加工的可能性在传播中还能不断累积提升直至一个阈值。第三，传统媒体"弱把关"，缺少对信源的核实，且传统媒体的议程设置受网络热搜的影响大。传统媒体与网络媒体形成合力，将假新闻做得越来越"真"。第四，网民对假新闻的

---

① 杨保军. 认清假新闻的真面目 [J]. 新闻记者，2011（02）：4.

再次传播，起到"三人成虎"的效应。通过对整个信息传播流程的具体细致的分析，大学生会对网络空间信息传播规律有深刻的认识，进而认识到健康信息传播的重要性和虚假信息传播的危害性，自觉明晰自身的网络行为选择。

要教育引导大学生清晰认识网络中舆论与事实的差别，不要误把网络评价当作事实本身。首先，"舆论是公众对社会政治、经济、文化活动的一种评价。在市场经济发展的情况下，舆论趋向于成为一种普遍的社会监督的权力"①。其次，舆论还包括公众对公共事务或话题的态度。公共事务与人们的切身利益息息相关，能够很快得到广泛的议论。而在舆论中还存在一系列原发事件为私人事务的讨论，娱乐新闻、八卦、绯闻等在表面看来与公共利益不相关的事件就属于私人事务，但有时候会发展出公共的维度。再次，一些情绪化的非观点性的表达，也视为舆论。对此类似的舆论表象，大学生要有较强的信息识别能力。最重要的是，大学生需要学会辩证地看待舆论的积极影响和消极影响。舆论对于我们国家和社会既有积极影响也有消极影响。从积极的方面来说，舆论促进着社会的不断改革和进步，网民的关注也督促着政治、经济、文化的不断进步，在技术上落实了更多的民主权力。从舆论产生的负面影响来说，首先舆论影响政府工作，造成官民沟通上的障碍，使得一些利于民生的工作也难以开展；产生民众对党和政府的信任度衰减的现象等。其次，舆论干扰司法，网络中的舆论审判严重干扰司法公正，这阻碍了依法治国的进一步发展。再次，舆论篡改真相，舆论本身对真相的描述感性大于理性，甚至事实被情感左右，被篡改。最后，新闻媒体被网民议程裹挟，缺乏对民众更应该关注、更有价值的事件进行报道；民众对公共事务的关注越来越狭隘，网络媒介的社会教育功能受到损害。通过学习，大学生要明白，对于舆论，我们应重视其对社会发展的监督、促进作用。采取宏观调控和引导的办法，减少其对国家、社会和个人的负面影响。

要教育引导大学生科学认识网络传播中的"刻板印象"。这直接关系到大学生对于信息的判断，关系到大学生对于某一信息的情感态度价值观

①　陈力丹. 关于舆论的基本理念 [J]. 新闻大学，2012（05）：7.

取向。学习"刻板印象"既可以帮助大学生认识自身和新闻报道中存在的问题，还能够帮助大学生有意识地在网络讨论中识别他人错误观点，并进行有理有据的批驳，斧正错误的舆论走向。刻板印象"就是人们对某个社会群体形成的一种概括而固定的看法"[①]。这种固定的看法通常是片面的，带有偏见且缺乏变化的。网络中的刻板印象可分为两类，"强者越强，弱者越弱"和"弱者变强，强者变弱"。"弱者变强，强者变弱"意指在刻板印象中，强者在突发情况或特定的事件之下变成了弱者，而弱者在突发情况或特定的事件之下变成了强者。学生在学习过程中，通过分析比较大量的案例会发现，虽然刻板印象也能够使得"弱者变强"，从而使弱者得到社会舆论的支持变得强大，能够伸张正义。但是，总的来说，这样的情景对中国社会进步的消极作用要大于积极作用。所以，刻板印象需要被关注和克服。

要教育引导大学生科学看待并有效抵制网络传播中的"煽色腥"不良效应。"煽色腥"新闻，是一种错误的、不道德的新闻报道方式。既存在于虚假的新闻之中，也存在于一些真实的新闻之中。但无论存在何处，其在道德伦理中都存在巨大的争议。学生需要理解这种争议，具备一双慧眼，在面对网络中的"煽色腥"新闻，能够识别、举报并且减少对这类新闻的点击。网络中的"煽色腥"新闻，包括一些反道德、情色、犯罪等场景描述或者照片的新闻。这类新闻在新闻学中被称为"煽情主义"，即"一种绘声绘色地揭露丑闻或渲染色情或描写犯罪细节刺激感官的新闻报道手法"[②]。媒体受利益驱使以此吸引受众提升使用率。竭力从严肃的政治、经济、社会新闻中挖掘出娱乐价值。要通过思想政治教育使大学生明白，网络中的"煽色腥"内容具有极大的消极影响。第一，这些内容会伤害新闻当事人的情感和隐私。第二，这些"煽色腥"的内容还损害了媒体的公信力和权威，为暴力开辟了文化空间。第三，这也是"合法的黄色新闻"，是对敏感新闻事件的过度消费。甚至让一些有社会重大意义的严肃议题变成"大戏"，隐藏社会问题的实质，转移公众注意力消解社会的力量。第四，这可能成

① 张晓静. 跨文化传播中媒介刻板印象分析 [J]. 当代传播，2007（02）.
② [美]威·安·斯旺伯格. 普利策传 [M]. 陆志宝，俞再林，译. 北京：新华出版社，1989：32.

为一种潜在的教唆，让受众认为社会充满暴力和犯罪，形成鄙视世界的社会观，造成人的不安全感。在网络活动中，大学生需坚持以社会主义核心价值观为评价标准，辩证地思考自己的行为做法，谨慎地选择相信和行动。

2. 网络正向文化传播能力

网络空间不同于传统的文化空间，在本质上是一个"多主体"文化空间。大学生既是网络生活的参与者，也是网络世界的建构者。网络空间的便利性使得大学生也能够有条件成为健康信息和正向文化的传播者。为此，思想政治教育中，大学生网络素养的培养要教育和引导大学生需要深入学习网络文化的特点和生产，更加全面、深刻、辩证地认识网络文化及其产生的影响，积极主动地在网络空间传播更多正能量，营造健康向上的网络文化氛围。网络文化生产的实质是一种再生产，网络搭建了一个能够容纳各种话语的再生产平台，这些话语来自政治、经济、科学、宗教、道德、文艺、日常生活等领域。"社会各种话语都可以进入这个'生产场'，在其中激荡、博弈、优胜劣汰"[①]。网络文化的产生发展离不开网络文化内容的发展，也离不开网络媒介技术的发展。大学生基于对网络空间共享性特征的深刻理解，进而充分发挥自身在资源共享上的优势，主动选择参与有价值的网络活动，努力营造出良好的网络空间。要教育和引导大学生认识到，每一个网民都如同一滴水，单独看来并不重要。但是积水成海，网民群体力量强大，尤其是在网络的帮助下，网民拥有了更多的民主权力。这要求大学生对自身网络信息传播承担责任，并在网络群体极化的时候成为其中最冷静的群体，以此认真、负责、理智、冷静的态度引导网络文化正向发展。

大学生应当积极传播有价值的文化信息，减少网络冗余信息对网络社会发展的干扰，清洁网络环境，提升网络使用效率。网络中信息的传播不局限于文字、图片等明确的信息的传播，还包括个人的关注度。个人关注的事物显示的是一个人的注意力偏向，表达了个人的偏好喜爱、价值观念。而群体的关注度则传达出一个群体的价值观判断准则，会对网络生态、文化产生直接的、重要的影响。为此，大学生要关注更有价值的信息，面对当前中国的舆论环境，作为大学生应当更多地关注公众事务，从日常关注

---

① 邵培仁，陈龙. 新闻传播学新视野：媒介文化通论 [M]. 南京：江苏教育出版社，2011：58.

的娱乐新闻中脱离出来，更多地关注国家政策、民生、公众利益相关的新闻事件。多关注、支持原创的、高质量的新闻机构。大学生在网络使用中注意不断分辨克服刻板印象对价值观判断的影响。警惕协同过滤，"协同过滤"是指某一网络平台收集同类信息以及同类信息的链接，在提供方便的时候也将信息"窄化"，宛如一间信息茧房，这也将促进群体极化的产生。尽可能地帮助被污名化者，在网络中陈清事实。同时，大学生要善于辨识新闻的真假，大学生需要保持对新闻的质疑态度，树立科学的新闻阅读技能。在阅读新闻的时候自我提问，并通过文书回答以下六个问题：①新闻报道的来源，是否属于署名的、可信的新闻机构；②是否能够找到相关信息进行相互印证核实，是否采访过每一个主要当事人，是否有当事人之外的第三方进行核实；③新闻报道有没有提供可以印证的证据，或者附送真实、完整的图片和视频，是否还能得出新闻中没有提到的解释；④新闻人物是否有真实姓名，新闻事件是否有准确、现实存在的发生地点；⑤估计该新闻会产生怎样的传播效果，谁会成为这则新闻的受益人；⑥是否有必要知道这些信息，选择相信或不相信的其他理由。通过对这六个问题进行思考，能够延缓假新闻冲击受众常识、价值观念而产生的再传播的冲动。大学生可以以这六个问题反问传播者，在网络讨论中引导大众理性思考。总而言之，大学生网民需要有意识地选择逻辑严密的文本信息进行深入的阅读，以此训练自己的逻辑思辨能力、认识事物的能力和分析问题的能力。要更多地在网络中说理，在表达自己的观点时进行"论点＋论据"的逻辑推演，维护舆论观点的多样化，减少舆论的极端化问题，共同营造积极、健康、向上的网络文化。

3. 网络公益行动参与能力

作为大学生，要学会认识和理解网络中的公益活动，这里分析以倡导慈善为目标的公益行动。[①] 面对网络热点事件，首先，大学生需要了解网络对公益倡导的影响是巨大的，这是因为网络传播中的公益活动体验性更强，参与度更高，能激发受众的参与热情和积极性。其次，网络传播中的公益活动，交互性更强，在网络社区中的传播也非常活跃，这样的公益活动让

① 张志安. 新媒体素养 [EB/OL].MOOC. http ://www. icourse163. org/learn/SYSU-136001?tid=1002032023#/learn/content?type=detail&id=1002656172&sm=1, 2018-3-10.

参与者具有更强的主动性。再次，受众的自主性也更强，超越在传统媒体环境的束缚下，可以自主广泛地选择和发起公益活动。最后，网络公益透明度更高，公众的信任度更高。

大学生需要辩证地认识网络公益，了解其积极作用和消极作用。网络公益的日益兴盛，对于整个社会环境有着积极的引导作用：第一，能够加强公众的社会责任感，引导公众在享用社会资源的同时，回报社会，发扬团结友爱的价值观念；第二，个体单次投入少，群体力量却能聚沙成塔，这能帮助公众提升自我价值感，促进社会的和谐与稳定发展；第三，从小事做起的思维方式，符合公众思想品德的转化规律，能鼓励公众将公益意识逐步转换为公益行为。但是，网络公益的消极影响也日益突出：一些虚假的网络公益逐渐被曝光，这也引发了公众对网络公益的信任问题。首先，受众对受助者或者受助群体缺乏理性的思考，不利于社会从制度、法律上帮助弱势群体；其次，网络公益的运行制度和平台建设尚不完善，缺乏透明度高、监管力度强的运行模式，这不利于网络公益健康有序地发展；再次，虚假的网络公益行为，消费了公众的善良和同情心，极大地挫伤了公众行善的积极性，误导公众诚信、友善的价值观追求。辩证地认识网络公益，不仅能够让学生更加准确地认识网络公益，在参与网络公益时也能够谨慎地选择网络公益。更加重要的是，学生已经参与过的网络公益，已经被消费掉的同情心和社会责任感，需要一个有力的引导来帮助他们认识到，那时的错误不是他们泛滥的同情心也不是网络公益不值得信任。他们需要的只是谨慎地选择、积极地捍卫自己对捐助资金用途的知情权。大学生要明白他们的帮助是有效的，他们有责任回报社会。

4. 网络空间团队协作能力

网络时代的到来极大地便利了人们的生活世界。大学生网络素养的一大体现就是能否有效利用这种便捷性为自身发展和社会发展服务。新时代大学生网络素养培育要有意识地培养网络空间大学生的团队协作能力。这就要求大学生既要从理论的角度认识网络协作，还要从实践的角度充分体验网络协作。网络协作的结果实质是集体智慧的展现，能够优化集体力量的简单相加，能够促进社会的发展。

从理论上来说，网络是一个让大规模社会协作得以实现的媒介。"互联网本身的设计目标就是允许任意节点上的创新传递到整个网络，万维网的创新因此传开。万维网就是利用前所未有的网络规模进行协作的最佳例示，这种现象被称为'大规模协作'"①。

网络协作是当下非常重要的协作形式：集体智慧、虚拟社区、众包和共享经济。集体智慧，在网络中集体快速地超时空组接，使得过去难以想象的宏大任务在网络中快速完成。例如维基百科，将人们大大小小的贡献融合起来，并且通过持续的自我清理来进行修正。虚拟社区是指一群人依据自身的兴趣爱好，通过网络社交平台聚集在一起，并遵守特定的软性社会契约。②比较典型的是校园论坛，成员多为大学生，其中的信息大多与校园生活相关，如考试、兼职、租房、失物招领、捐款捐物等信息。而随着网络技术的发展，现在这样的信息分享也分散到了微博、微信、贴吧、论坛等社交平台。众包是指公开地召唤人群也必须依靠人群，一起合力完成某个任务。通常人群的参与动机与众包的远期目标一致，管理模式也更加松散，管理方式依赖于网络媒介。人们完成任务更多的是为了满足自己的爱好，甚至是打发时间。例如：共享经济，"其核心是以信息技术为基础和纽带，实现产品的所有权与使用权的分离，在资源拥有者和资源需求者之间实现使用权共享（交易）"③。利用网络平台将本来闲置的社会资源多人共享，使得这些资源实现经济利益最大化。类似的生活事例，充分证明网络空间有巨大的协作潜力，大学生要在思想认识层面科学认清这一发展趋势，并有意识地培养和锻炼自己的团队协作能力。

大学生需要明白提升参与网络协作的技巧，这将会帮助他们得到更多的力量支持，将他们的创造力变为物质财富，提升大学生自主创业的视野、思维和能力。利用网络协作，有意让自己的网络参与更有价值。第一，明确无论对于个人还是整个网络社会来说，个人的注意力是一种极其重要的资源，要善用自己的注意力资源为自己和群体创造价值，而不是让自己的

① [美]霍华德·莱茵戈德. 网络素养：数字公民、集体智慧和联网的力量 [M]. 张子凌，译. 电子工业出版社，2013：164.

② [美]霍华德·莱茵戈德. 网络素养：数字公民、集体智慧和联网的力量 [M]. 张子凌，译. 电子工业出版社，2013：182.

③ 汤天波，吴晓隽，共享经济："互联网+"下的颠覆性经济模式 [J]. 科学发展，2015（12）：78–79.

注意力成为商人的筹码。第二，有意识地将自己的智慧和知识贡献到网络社群中，保持开放的心态与网络中的陌生人共享。第三，学会遇到困难在网络社区中寻求帮助，而不是被动等待或者放弃。第四，尝试组建一个运行良好的网络社区，如班级 QQ 群。通过组织管理方式的改变，引导成员的有效参与，能够使得网络社群内具有更加丰富的信息，开展更高效的沟通，给予社区成员更好的支持。第五，有选择地参与别人组织的网络协作活动，体验新型的经济生产模式，积累经验开阔思维。在学生参与网络协作的同时，包括作为使用者享受共享经济的同时，引导学生积极思考有哪些新的共享经济的实现路径，思考共享经济存在的问题，有哪些办法可以改善，引导学生在正确的网络社区以恰当的方式提出。在这些过程中注重引导学生反思、创造和行动。通过类似的长期性、系统化团队协作演练，大学生的网络空间协作能力逐步得到增强，其对网络的综合运用能力也将逐步得到提升。

5. 网络不良言行抵制能力

网络空间相比于传统的国家疆域，具有其模糊性、广域性、虚拟性等特点。这样的空间特性，使得各种各样的复杂舆论信息、思想潮流、文化观念都能够在此生存。此时，一些别有用心的国家，会借此推波助澜、声张造势，营造起相应的意识形态争端态势。思想政治教育视域下大学生网络素养教育，就是要引导和帮助大学生具备网络不良言行的抵制能力，让大学生深刻认识网络中的国家权力之争，认识到当前中国网络中主流意识形态面临两种威胁：一种是境内由新闻泛娱乐化而引起的话语权的争夺，另一种是境外敌对势力对我们国家主流意识形态的抨击。在此理论基础上，带领学生分析网络新闻泛娱乐化对话语权的争夺以及境外敌对势力对我国主流意识形态的攻击，激发学生维护国家核心利益的责任意识。

（1）规避网络新闻中的"泛娱乐化"倾向造成的不良影响

大学生需要了解网络中泛娱乐化对主流意识形态话语权的冲击。网络中的泛娱乐化是指媒体将其自身功能的"综合化转向单一的娱乐化，认为严肃、权威的新闻不再需要，一些人甚至认为，在新媒体时代，娱乐可以带动一切，媒体就是娱乐"①。在这样的趋势下，严肃新闻往往很少占据热搜榜首。在2016年8月16日，中国影响世界的"墨子号"量子卫星发射成功，这意味着我国走在了量子通信领域的最前列。这也标志着我国在国际高精尖科学领域的地位进一步提升。但在微博、微信中，受关注度最高的却是国内一个明星的感情新闻。因为这一娱乐新闻带来的话题性和关注度有着很高的商业价值。"解构、颠覆甚至诋毁和自甘堕落成为网络媒介的一种明显的文化消费趋向，其表现特征是虚幻化、消费化和个人无政府主义倾向，当这种消费习惯逐渐渗透到人们的信息传播体系，传统大众媒介原有的意识形态功能也面临消解或被遮蔽的危险"②，在网络媒介中同样如此，主流意识形态走向边缘，在这个意识形态互相争夺话语权的网络空间，我国的主流意识形态的地位无疑受到了挑战，威胁着我国社会的和谐稳定。对此，思想政治教育要引导大学生建立起科学的理性认知，认清网络舆论信息和多样化行为背后的实质，进而明确自身的舆论立场和行为选择。

（2）遏制网络文化传播中的"低俗化"势头

大学生在面对网络文化的低俗化倾向时，一定要了解这种低俗化的原因。由于网络文化本身从属于大众文化，这与精英文化几乎对立。早在大众传播兴起之前，一切文化活动的创造与消费，多半掌握在社会精英手中，绝大多数的大众是很难参与的。在传播技术进步之后，创造文化的权力也不再局限于精英手中，开始向社会低阶层扩散。尤其是在网络技术普及之后，网络使用的技术门槛、付出的成本降低。广大的社会阶层都出现在网络之中，有什么样的受众就有什么样的文化产品。网络中粗暴、媚俗的信息得到了大量的关注，由此愈演愈烈。尤其是对当前网络文化中"享乐至上"的不良社会风潮，大学生要谨慎视之。要通过教育引导让大学生理解他们在沉迷网络时，可能不是他们在享乐，而是他们已经成了别人的"猎物"。尼尔·波滋曼曾在《娱乐至死》中提道："如果一个民族分心于烦杂琐事，如果文化生活被重新定义为娱乐的周而复始，如果严肃的公众对话变成了幼稚的婴儿语言，总而言之，人民蜕化为被动的受众，而一切公共事务形同杂耍，

① 肖飞，徐慧萍. 媒体功能泛娱乐化与社会责任的反思[J]. 新闻界，2008（02）：56.
② 王爱玲. 中国网络媒介的主流意识形态建设研究[M]. 北京：人民出版社，2014：48.

那么这个民族就会发现自己危在旦夕，文化灭亡的命运就在劫难逃。"[①]这不得不引起大学生思想政治教育者的注意和警示。当前，大学生所赖以生存和发展的网络空间，"消费主义成为了一种新的意识形态"[②]。面对一个非常世俗化，充满物欲和感官诱惑的"消费世界"，一些大学生开始迷失自我，产生了对享乐生活方式的盲目崇拜。对此，思想政治教育者要教育和引导大学生认清网络与社会的真实，明确、坚定大学生的"初心"，使其更加明确自己的上网意图，有效控制自己的网络行为，不至于在网络世界迷失自我。

（3）抵制网络空间境内外"敌对势力"的攻击

大学生需要深刻认识，网络的普及加速了全球化的进程，模糊了网络中国家之间的疆界，境外敌对势力趁机攻击我国主流意识形态，网络中意识形态领域的斗争也愈演愈烈。首先，大学生要认识到境外敌对势力对我国主流意识形态的攻击。他们主要表现为以下三种负面之声：一是渗透分化企图颠覆，言论表现为企图以西方政治价值观攻击抹黑我们所信守和坚持的党的领导与社会主义道路；二是不满于改革发展进程出现的矛盾与问题，言论和行动表现为别有用心地以个别地区配套法律、制度、政策、措施不完善等问题，来煽动部分人群的不满情绪；三是疑惑之声，当一些负面现象出现后，被别有用心者加以放大和攻击，质疑中国当下的道路和制度。这些负面之声的别有用心就体现在，有计划、有目的、有技巧地以片面的事实为依据，否定全部的成果。并且借助网络传播的特性，使其言论看似生动形象、有理有据，非常具有煽动性。其次，大学生需要了解境外敌对势力对社会主义意识形态的挑战还融合在媒介技术、商品、文艺作品之中。媒介消费主义通过符号消费对受众的生活提供指引及诱导。这表现为，人们在消费生活中更多关注的是商品的符号价值而非使用价值。这些商品符号价值背后暗藏了西方的生活理念和价值观念。人们购买商品其实是在满足自己的自我角色的构建，满足自己的自恋情结。因此，当人们以西方的价值观念来构建自我角色时，是对其高度的认同。这样的价值观渗透，比前者更加牢固且无法阻挡。

---

① ［美］尼尔·波滋曼. 娱乐至死 [M]. 章艳，译. 桂林：广西师范大学出版社，2004：202.

② 邵培仁，陈龙. 新闻传播学新视野：媒介文化通论 [M]. 南京：江苏教育出版社，2011：58.

通过前面的学习，大学生要认识到，主流媒体在网络中面临话语缺失的威胁，其后果非常严重。话语难以触及的地带意味着权力也失去了引导、掌控的意义和作用。习近平同志说："很多人特别是年轻人基本不看主流媒体，大部分信息都从网上获取。必须正视这个事实，加大力量投入，尽快掌握这个舆论战场上的主动权，不能被边缘化了，要解决好'本领恐慌'问题，真正成为运用现代传媒新手段新方法的行家里手。"① 大学生要具有充分利用自己的网络主体权力，选择关于主流意识形态的新闻，选择值得关注的话题，积极在网络中传播正能量，扩大我国意识形态的影响力，维护我国社会的和谐稳定。

二、思想政治主导性内容

思想政治主导性内容构建主要是对通过网络进行思想政治教育的主要内容进行探讨。专家杜时忠先生认为，"网络德育不能只是要求学生接受几条道德规范，而是要面对日益复杂的信息环境下，培养学生的道德判断能力、选择能力和创新能力"②。这就要求网络素养教育的内容必须突出道德理想和道德素养等方面的教育，以凸显教育的主导性。网络素养教育的主导性内容，要有助于"培养学生的道德判断能力、选择能力和创新能力"。

（一）社会主义核心价值观教育

"所谓核心价值观，是指能够体现社会主体成员的根本利益、反应社会主义成员的价值诉求，对社会变革与进步起维系作用的思想观念、道德标准和价值取向"③。大学生网络素养教育需要社会主义核心价值观的引领，它是中国特色社会主义文化的核心与精髓。青年大学生充满活力和梦想，他们是实现未来中华民族伟大复兴的主力军。对大学生开展以培育和践行社会主义核心价值观为要求的网络素养教育是由其时代要求所决定的。党的十八大提出："倡导富强、民主、文明、和谐，倡导自由、平等、公正、

---

① 中共中央文献研究室编. 习近平关于全面深化改革论述摘编[M]. 北京：中央文献出版社，2014：83.

② 杜时忠. 德育十论[M]. 哈尔滨：黑龙江教育出版社，2003：167.

③ 包心鉴. 社会主义核心价值观的凝练与建构[N]. 光明日报，2012-1-14.

法治，倡导爱国、敬业、诚信、友善，积极培育和践行社会主义核心价值观。"[①]这是"推进中国特色社会主义伟大事业、实现中华民族伟大复兴中国梦的战略任务"[②]，是中国梦又一文化教育取向，是实现"中国梦"的主心骨，因此要把培育和践行社会主义核心价值观作为大学生网络素养教育的新要求、新标杆。

首先，要加强课程建设。思想政治理论课是大学生进行社会主义核心价值观教育的主载体和主阵地，将社会主义核心价值观融入网络素养教育的内容中。其次，课堂要肩负培育和践行社会主义核心价值观的职能，遵循大学生学习成长规律、知识传授规律和价值认同规律，把社会主义核心价值观渗透其中，使学生理解社会主义核心价值观对于弘扬爱国主义、实现中国梦的意义，增强大学生的主权意识、责任意识，在认知感情层面上认同社会主义核心价值观，在思想行为层面上自觉地遵守社会主义核心价值观的基本要求。坚持将网络素养教育理论课的方向性和科学性相统一，结合高校大学生的思想情感实际和当前社会主义特点及时代特征，有针对性和指向性地对大学生进行社会主义核心价值观引导，使学生真正体会到国家、民族的进步与个人的成长发展息息相关，充分发挥大学生网络素养教育的积极作用。

（二）形势与政策教育

网络时代，高校教育者要通过网络，利用微博、微信等平台对青年学生进行形势与政策的教育。对青年学生进行形势与政策教育，目的是引导受教育者学会运用马克思主义的立场、观点和方法分析问题，正确认识国内外形势，防止对形势与政策的片面性、表面化和绝对化认识，形成正确的认知和良好的心态，促进受教育者道德心理的平衡，培育良好的道德品质，从而更好地指导他们的现实和网上行动。

网络时代的高校形势与政策教育要注重时效性，体现灵活性，形成全方位、立体性的教育模式。高校形势与政策课是一门政策性、时效性、针

---

① 胡锦涛. 坚定不移沿着中国特色社会主义道路前进，为全面建成小康社会而奋斗——在中国共产党第十八次全国代表大会上的报告 [N]. 人民日报，2012-11-18.
② 关于培育和践行社会主义核心价值观的意见 [N]. 人民日报，2013-12-24.

对性很强，涉及面很广的思想政治教育课，是对青年学生进行形势与政策教育的主要渠道和主要阵地。高校教育者利用网络，利用微博、微信等平台对大学生进行形势与政策教育，既是对高校形势与政策课的补充和拓展，也是对受教育者进行形势与政策教育的新途径与新手段。既是宣传党和国家的路线、方针、政策，解决深化改革和发展中的热点和难点问题，是消除受教育者思想中的疑点、困惑的有效形式，也是提高受教育者思想素质、道德素质和政治素质，激励他们树立崇高的理想信念，勤奋学习，报效祖国的有效方式，是团结广大青年学生，化解矛盾，解决突发事件必不可少的手段。

高校教育者通过网络，利用微博、微信等平台对大学生进行形势与政策教育，要利用恰当的形式或栏目传播国内外重大事件，帮助受教育者深刻认识和正确理解党和国家的基本路线、方针和政策，了解前进中的有利条件和不利因素。高校教育者要利用微博、微信等平台中的恰当板块或栏目传播国家的经济形势与经济工作重点，就业形势与就业政策，台海形势与国际热点，反腐倡廉与廉政建设，等等。利用微博、微信等平台对大学生进行形势与政策教育，培养受教育者正确认识国际国内的形势，正确认识个人前途与国家命运的关系，形成胜不骄、败不馁的道德情操，激发爱国热情，增进勤奋上进的精神和民族自信心。

总之，网络素养教育内容是网络素养教育成功的现实基础和先决条件。高校网络思想政治教育必须坚守育人本质，把握立德树人根本。在网络素养教育内容构建与选用中坚持内容的科学性和导向性，同时注重发展性与前瞻性。教育内容要随着社会与科技的进步而与时俱进，充实完善。需要特别提及的是，网络素养教育的内容与形式既要与国家和社会的要求相适应，也要与网络的特点和表达相适应，更要与广大青年学生网民的阅读习惯和接受程度相适应。

（三）爱国主义教育

网络素养教育内容中的道德理想还包括通过网络或其他新媒介进行大学生的爱国主义教育。当前仍有部分人认为，网络空间是没有民族和国界之分的，网上无所谓"国"与"家"，不存在"爱国与否"一说。诚然，世界上任何人无论国别与种族等只要联网，只要登录微博或微信等即时通信工具，就可交流与分享。一定程度上导致人们误认为，网络虚拟空间是没有现实社会的国家边疆与边界之分的。但我们都知道，网络空间不是法外之地，不是"乌合之众"聚集之所。

网络技术虽能改变人类的交往方式，但无法改变人的本质属性。马克思曾指出，人的本质"在其现实性上，它是一切社会关系的总和"[1]。这里的现实性即指人是生活在一定的阶级社会中，是具有阶级属性的，是阶级社会中一切社会关系的集合体，人不可能脱离一定的社会阶级或阶层而存在。简而言之，人是存在一定的阶级中，归属于一定的民族与国家。网络虽能使人跨国界去交流，但作为网络使用者的人，即网络主体，不可能游离于国家与民族之间，脱离于某一国家与民族而存在。美国著名的未来学家托夫勒（Alvin Toffler）曾一针见血地指出："谁掌握了信息，控制了网络，谁就将拥有整个世界。"[2]据此可见，网络不可能是超越国家与阶级的自由天堂，不可能是没有意识形态影响的"世外桃园"。这也说明，有阶级的社会必然要求网络主体自觉维护国家与民族的根本利益。美国教育家卡扎米亚斯（Andreas M. Kazamias）也明确说道："即使在具有民主传统和声称民主之冠的国家，也必然要进行政治灌输和禁止异说，这是很实际的问题。"[3]这也说明，即使是在世界上自称为"最民主"的国家，也有其意识形态的灌输。另一方面，网络的开放性和分散性也应该体现出全球性和去中心化，不应是某国或某种语言的"独霸天下"，网络包容性应体现出不同国家或地区的特色。因此，世界各国尤其是发展中国家，在大力发展自己的互联网技术和产业的同时，都应注重网络内容和信息建设的本土化，兼顾教育的全球化和民族化，突出强调青年一代网络道德教育中的爱国主义教育。

大学生是正在接受高等教育且具有较高综合素质的青年。他们是国家

---

① 中共中央马克思恩格斯列宁斯大林著作编译局编译. 马克思恩格斯选集（第1卷）[M]. 北京：人民出版社，1995：60.

② 东鸟. 中国输不起的网络战争 [M]. 长沙：湖南人民出版社，2010：2.

③ [美]卡扎米亚斯，马西亚拉斯. 教育的传统与变革 [M]. 福建师范大学教育系等合译. 北京：文化教育出版社，1982：5.

的未来和民族的希望，他们的爱国意识和国家情感对整个国家与民族的前途起着决定性的影响。蔡丽华专家指出，"由于互联网具有超国界性"，学生过分沉迷于网络，则"可能使学生网民对自己的国家越发陌生"[①]。因此，整个社会尤其是高校必须通过网络和其他新媒体强化受教育者的爱国主义教育，增强学生的民族自豪感和自信心，增强学生的爱国热情和报国决心。

爱国主义应是高校网络素养教育和网络文化建设的基本内容。在具体的教育内容构建中，必须得到突出与强调，并与民族精神结合。民族精神是一个民族长期以来为大多数成员所具有的内在品质、心理特征和价值追求。经过五千多年的繁衍生息，中华民族的民族精神具有鲜明的爱国情节。如团结一致、爱好和平、勤劳勇敢和自强不息等。这都是中华民族永续发展的不竭动力。因此，大学生的网络素养教育内容中，要注意培养大学生的爱国情怀和创新能力，也要注意培养大学生的全球意识和爱国精神。

主流媒体或高校官方微博、微信等，由于微媒体或版面本身对内容要求的特殊性，以及微媒体信息发布和报道的便捷性等，爱国主义教育应结合具体的大事件或小琐事，只要有助于培养受教育者的爱国情怀，教育形式和表达方式也应随之更新和改进。

（四）理想信念教育

网络素养教育内容中的道德理想主要是通过网络或其他新媒介进行大学生的理想信念教育的。理想信念能对个人的成长契合国家与民族发展起到引领和导向的作用。对个人来说，理想信念对人的灵魂、斗志和行动起着直接和决定性的重要影响。良好和积极的理想信念能点燃人们生活和奋斗的激情，激发才智，激励前进。对于国家和民族来说，高尚和积极的理想信念更是国家和民族不断前进的动力。关于理想信念的重要性，习近平同志曾生动而形象地将其比作人身体上的钙，他强调指出，如果"没有理想信念或者理想信念不坚定，精神上就会'缺钙'，就会得'软骨病'"[②]。由此，坚定理想信念才能让个人与民族正常发展，理想缺失和信仰迷茫将

① 蔡丽华. 网络德育研究 [D]. 吉林大学，2006.

② 中国共产党新闻网. 总书记缘何强调理想信念是共产党人精神上的"钙" [EB/OL].http://cpc.people.com.cn/pinglun/n/2012/1121/c241220-19646929.html.

会产生严重的危害。

　　我们党和国家长期以来一直重视宣传思想工作，注重加强对传统媒介的管理和使用，但随着网络和新媒体的快速发展，网络空间和舆论管理的难度也大大地增强。当今高校的青年学生，他们正处于世界观、人生观和价值观的形塑期，也是从不成熟走向成熟的过渡时期，他们的可塑性极强。高校的受教育者（青年大学生）喜欢和容易接受新事物、新观点，他们有积极上进的一面。"互联网+"环境下，网络上意识形态的冲突变得既隐蔽化又复杂化。在虚拟空间，各种思想仍然鱼目混珠，良莠不齐，西方思想更是不遗余力地对我国进行思想和意识形态上的渗透，企图腐蚀青年学生。尤其是随着网络和其他新媒体的高速发展及迅猛普及，网络空间存在的"鱼龙混杂"和"泥沙俱下"的信息，甚至是暴力或敌对信息等的存在，大学生容易受非无产阶级思想和意识形态的影响，从而动摇其价值信念。

　　谢海光专家指出，"理想信念教育主要是指马列主义、毛泽东思想和邓小平理论的教育，以及中国特色社会主义、共产主义、爱国主义和科学的世界观、人生观、价值观的教育"[①]。因此，网络道德教育的核心是要运用网络或其他新媒体对受教育者（青年大学生）进行世界观、人生观等教育，着重解决受教育者主观与客观的思想和认识问题，还要着力于培养学生的创新思维和创新能力。由于网络思想政治中渗透式教育更容易为受教育者所接受，因而在具体的教育过程中，要注意将大学生的理想信念教育有机融入大学生的思想政治、社会实践和高校文化环境中，让学生受到潜移默化的影响。为解决受教育者的"信仰""信念"和"信心"的问题，解决青年大学生深层次的思想问题，党的基本路线教育、爱国主义教育等都是网络思想政治教育内容的重中之重。我们还必须运用网络开展相应的马克思理想信念教育，使青年学生成为具有远大理想和爱国情操的社会主义合格建设者和可靠接班人。

　　必须注意的是，由于网络时代的信息碎片化特征十分明显，广大青年学生碎片化的学习和碎片化的浅阅读非常普遍。因此，在网络环境具体进行理想信念教育时，应注意不要长篇大论，要充分利用网络新媒体对教育

---

① 谢海光. 互联网与思想政治工作概论 [M]. 上海：复旦大学出版社，2000：176.

内容进行碎片化的处理。这其中要注意教育内容的科学性、引领性和导向性，同时又要注意理想信念教育的趣味性，语言和表达要符合青年大学生的表达习惯和接受习惯。

三、文化建设创新性内容

文化建设创新性内容的构建主要是通过网络或其他新媒介进行大学生的人文素养教育，包括在中国社会主义先进文化引领下加强大学生文化建设、自然科学常识、世界先进文化等人文科学知识与活动等，以及加强道德自律教育。

（一）加强大学生文化建设、促进网络文化发展

中国文化历史悠久、源远流长，在历史的不同时期都产生了惠及人类的文化成果。大学生文化作为社会文化的亚文化，其形成和演进必然遵循社会文化的发展和变迁。社会文化，既决定了大学生文化的过去，也影响着大学生文化的未来。中国特色社会主义，是科学社会主义的基本原则与中国实际相结合的产物，具有鲜明的时代特征和中国特色，有着突出的比较优势。中国特色社会主义文化强大的生命力证明了其理论的正确性和合理性以及对社会的适应性，即适应中国国情，这要归因于其创建者和发扬者秉承了中国传统文化的优秀内核。中国特色社会主义文化与中国传统文化的关系是一种相辅相成的关系，共同为我国的文化软实力建设贡献力量。因此，建设中国大学生文化，必须以中国特色社会主义文化为根基，其中既包括传统文化的瑰宝，也包括现代文化的智慧。

习近平在庆祝中国共产党成立95周年大会上的讲话中指出："在5000多年文明发展中孕育的中华优秀传统文化，在党和人民伟大斗争中孕育的革命文化和社会主义先进文化，积淀着中华民族最深层的精神追求，代表着中华民族独特的精神标识。"[1]2017年2月27日，中共中央、国务院印发《关于加强和改进新形势下高校思想政治工作的意见》，提出要弘扬中华优秀传统文化和革命文化、社会主义先进文化，实施中华文化传承工程，推动中华优秀传统文化融入教育教学，加强革命文化和社会主义先进文化

---

[1] 习近平. 在庆祝中国共产党成立95周年大会上的讲话 [M]. 北京：人民出版社，2016：13.

教育。加强新时代中国大学生文化建设，必须植根于优秀的传统文化、革命文化和社会主义先进文化。

1. 弘扬优秀的传统文化开展大学生文化建设

习近平指出："培育和弘扬社会主义核心价值观必须立足中华优秀传统文化。牢固的核心价值观，都有其固有的根本。抛弃传统、丢掉根本，就等于割断了自己的精神命脉。博大精深的中华优秀传统文化是我们在世界文化激荡中站稳脚跟的根基。"① 中华优秀传统文化是中华民族的突出优势，是中华民族自强不息、团结奋进的重要支撑，是我们最深厚的文化软实力。教育部党组在 2013 年 9 月 4 日下发的《中共教育部党组关于在教育系统深入学习贯彻全国宣传思想工作会议精神的通知》中提出，要加强以民族精神为根基的优秀传统文化教育，深入研究梳理优秀传统文化的核心内容和基本要素，以突出传统文化教育的道德实践导向。这些都为新时期大学生文化建设指明了方向，即建设当代中国大学生文化，必须立足优秀的中国传统文化。

第一，继承优秀传统文化是大学生文化建设的立足之本。中国五千年的历史积淀留下了丰富的文化瑰宝，如"天行健，君子以自强不息"的民族精神，"天下为公，世界大同"的宏伟理想，"生当作人杰，死亦为鬼雄"的豪情壮志，"先天下之忧而忧，后天下之乐而乐"的博大胸怀，"富贵不能淫，贫贱不能移，威武不能屈"的高尚情操等，这些都是当代大学生文化所必须秉承的优秀文化传统，是不可替代的宝贵文化资源，也是大学生面向未来和发展的强大精神动力。同时，大学生文化形成、发展的全过程一直是在中国传统文化影响之下的，每一个要素和环节都受到中国传统文化的深刻浸润，有着深刻的历史烙印。最后，在悠久历史、辽阔疆域、多民族多文化、社会主义等这些有着中国特色的因素共同作用下，中国特色的文化元素更符合当代中国大学生的特点，容易被他们吸收理解，也更受他们的欢迎。在新时期全球文化大交流、大融合的前提下，只有在全方位的文化比较中拥有坚定的自信，才能笑傲群雄。因此，建设当代中国大学生文化，必须以中国优秀的传统文化作为根基。

---

① 习近平. 中共中央政治局第十三次集体学习时的讲话 [C]. 中共中央政治局进行第十三次集体学习，北京，2014.

第二，改良和发扬优秀传统文化是大学生文化建设的发展之路。文化具有时代性，我国的传统文化也是在特定的历史时期形成的，即便被历史和实践检验为优秀的文化内容，也必然有着一定的历史局限性。因此，在对中国优秀的传统文化予以继承的同时也不能对其一味地全盘吸收，要积极主动地促进传统文化的现代转化，对其进行符合新的历史条件的改良与提升，使其更适应现代社会的需求和发展，使其不仅适合中华民族和中国特色社会主义的发展实际，更能推动全世界各民族和各国家的文化发展和繁荣。只有拥有这种"百尺竿头，更进一步"的进取心和敢于主动地进行自我质疑、自我调整和自我改良的文化胸怀，我们的大学生文化建设才会在汲取了优秀传统文化养分的同时与时俱进，不断向前发展。

第三，取长补短、兼容并包是大学生文化建设的取胜之匙。建设当代中国大学生文化，单纯依靠我国优秀的传统文化依旧不够，要博采众长为己用。这就需要我们要有兼收并蓄的文化胸怀，放眼全世界的优秀文化，充分汲取全世界各民族的智慧和全人类的一切优秀文明成果，对我们的传统文化进行补充和完善。积极学习西方国家优秀的文化观念，如自由、平等、法治、创新等。我们要理智客观地看待不同文化之间的碰撞、冲突和矛盾，对复杂的文化信息进行积极的鉴别、规范和整合，摒弃和抵制不良文化的侵袭，锻炼提高大学生的文化鉴别力，培养大学生的文化自觉，提升大学生的文化自信，使我们的大学生文化建设立于不败之地。

建设当代中国大学生文化，必须立足于中国优秀传统文化的基础之上。一是要奏响以中国优秀传统文化为基调的教育主旋律，明确中国优秀传统文化在我国文化建设中的重要地位，将主旋律贯彻于大学生文化建设的始终，用优秀的主流价值观引领大学生文化；二是要将我国优秀的传统文化元素推广、渗透到大学生学习、生活的各个领域，高校可以通过设立传统文化教育课程、举办相关的国学讲座、演讲比赛、辩论比赛、优秀影视作品展播等多种形式的活动，让大学生能够时刻接触到、感受到优秀的传统文化，在思辨中进行认同，从中汲取文化养分；三是提升大学生的文化自觉，教育当代大学生作为中华民族的优秀子孙、作为社会主义事业的接班人和建设的主力军，不但有着继承中国优秀传统文化的责任，更有着改良和发扬中国传统文化的义务，应该主动、自觉地学习和继承中华民族的优秀传统文化，融会贯通，为己所用；四是社会、家庭和高校必须合力帮助大学生树立发扬优秀传统文化的使命感和积极践行优秀传统文化的责任感，为大学生提供学习和检验优秀传统文化的平台和载体，提供所需的物质条件，也要给予一定正确的舆论和政策导向。

2. 继承光荣的革命文化开展大学生文化建设

中国革命文化是中国共产党带领中国人民在革命的具体实践中，以马克思主义基本理论为根本指导，汲取中华民族传统文化的精华，采借整合西方文化优秀元素的基础上形成的具有鲜明特征的文化形态。从理论内涵上讲，革命文化是在革命的时代背景下，中国共产党在实现政治目标的具体实践中，对政治理想、政治观念、政治路线和政治保障等进行的文化价值建构。从文化组成内容上看，革命文化是由革命理想、革命价值、革命精神、革命制度、革命纲领和革命成果等内容组成的文化形态。因此，革命文化是中国共产党政党文化的重要组成部分，是当代社会主义文化建设的重要资源。

革命文化对当代大学生文化的养成，有着重要的意义，主要体现在：第一，继承光荣的革命文化能够有效地增进大学生的政治认同。政治认同的前提是政治情感认同、政治价值认同、政治理论认同和政治制度认同，在此基础上，形成对于国家的认同度和忠诚度。政治文化是大学生精神文化的核心，政治认同是大学生政治文化的核心，也是思想政治教育的重要内容。遵循和继承光荣的中国革命文化，一方面可以帮助大学生确保意识形态安全、反驳历史虚无主义，增强意识形态的话语权；另一方面，增强大学生的爱国主义意识，深化对党的领导地位的认同，树立正确的理想信念。第二，继承光荣的革命文化能够为大学生的文化自信提供精神动力。文化自信是文化主体对自身文化的高度认同和自觉践行，大学生树立文化自信离不开光荣的中国革命文化。一方面，对大学生理想信念的导向发挥积极作用，一直以来我党高度重视理想信念建设，这也是社会主义建设取得成功的前提。继承光荣的革命文化，有助于大学生认清历史责任、树立为实现中华民族的伟大复兴而努力的崇高坚定的理想信念；另一方面，对大学生的创新素质培养发挥积极作用，革命文化是在中国共产党领导广大人民群众进行不断探索与创新的革命道路上得以形成和发展的，既有马克思主义科学理论为指导的科学创新思维，又有在革命实践中不断开拓的创新精神，还有在落后的经济条件下为了共产主义事业探索出社会主义革命和建设道路的创新能力，都对大学生的创新素质的提升发挥着巨大作用。

综上，在运用革命文化加强引导大学生文化建设的过程中，要充分利用革命文化的功能，深入挖掘革命文化对大学生文化、大学生思想政治教育的作用，加强对理想信念教育、民族精神教育、意志品格教育和创新能力的培养。具体工作中，很多措施可以借鉴或与传统文化教育相结合而共同开展，但在过程中要注意遵循大学生的心理特点和规律，满足大学生的现实和理想需要，树立大学生在革命传统文化学习实践中的主体地位，积极开发和利用当地的红色文化教育资源，同时加强校园中革命文化氛围的营造，引导大学生科学理性爱国、自立自强学习、积极主动创新。

3. 围绕社会主义核心价值观开展大学生文化建设

在五千多年的历史文明发展中孕育的中华优秀传统文化，在党和人民伟大斗争中孕育的革命文化和社会主义先进文化，积淀着中华民族最深层的精神追求，代表着中华民族独特的精神标识。中华人民共和国成立后，着力培育社会主义先进文化，随着政治与社会经济的发展，社会主义先进文化成为体现社会主义制度优越性的重要方面，极大地增强了国人的文化自信，也引领着大学生文化不断向前发展。

社会文化是大学生文化产生和发展的基础和环境，对大学生文化发展产生了重要的影响。精神文化是社会文化的核心，党的十八大提出，倡导"富强、民主、文明、和谐；自由、平等、公正、法治；爱国、敬业、诚信、友善"的社会主义核心价值观是社会主义核心价值体系的内核，体现了社会主义核心价值体系的根本性质和基本特征，反映了社会主义核心价值体系的丰富内涵和实践要求，是社会主义核心价值体系的高度凝练和集中表达，也是社会主义先进文化的集中体现。习近平指出："核心价值观，其实就是一种德，既是个人的德，也是一种大德，就是国家的德、社会的德。国无德不兴，人无德不立。"[1] 可以说，社会主义核心价值观就是当代中国最优秀的精神文化内涵，是当代中国最优秀的文化内核，为大学生文化的

---

[1] 习近平. 习近平谈治国理政 [M]. 北京：人民出版社，2014：168.

发展指明了方向。大学生文化时刻接受社会优秀主流文化的引领，大学生是优秀社会主流文化的宣传者、践行者和发扬者。因此，建设当代中国大学生文化，必须紧紧围绕社会主义核心价值观展开。

4. 促进网络文化发展

（1）营造和谐的校园网络文化

良好的校园网络文化是大学生形成高尚网络道德的重要因素，因此，必须切实加强校园网络文化建设：①开放学校资源。在课余休息时间免费开放学校网络资源，能够使学生及时、方便、快捷地了解、接触以及学习相关的网络知识，此外，网络资源的开放，也使得学生能够在教师的指导下进行网络道德等相关知识学习，促进师生之间的感情交流，为进一步教育的深入奠定情感基础。②主动向学生推荐合法、优秀的网站，这样就能够规避和减少学生接触非法网站的机会。③建设校园德育网站。为方便师生交流，建设好校园德育网站平台。拓宽德育工作的宣传途径，拓展德育工作的内容，用科学健康、积极向上的网络信息感染、熏陶学生。④建立个人博客，促进大学生的成长。鼓励大学生建立个人博客，并鼓励其在博客中设立德育档案、学习体会、理想风帆、成长足迹等栏目。不仅可以展示大学生的才华，还能提高大学生的辨别能力、分析能力。在访问别人博客的同时，他们也能够更好地学习和交往，增进相互之间的感情。⑤开展有特色的网络文化活动。可以借助网络开展关于网络文化的讨论活动，帮助大学生提高对网络的正确认识，也可以在校园内开展一些网络知识图片展览，充分利用板报、墙报、标语、广播等特殊功能进行宣传活动，形成健康的网络知识文化氛围，对学生进行全方位的网络德育引导。①

（2）创造丰富的网络文化精品

随着网络的发展和普及，网络在思想、文化宣传乃至整个大学生的世界观、价值观、人生观的形成过程中发挥的作用越来越强，而事实上，对大学生造成巨大影响的不是网络本身，而是网络文化产品和服务。所以，我们要提升网络文化产品开发和服务水平，以引导大学生形成良好的网络道德素质：其一，要加强网络文化公共服务体系建设，例如集中建设一些

---

① 吴艳. 当代大学生网络道德问题及其解决路径分析 [D]. 西北大学. 2012.

内容丰富、运作良好的网络图书馆、网络博物馆、网络文化宫等，同时，建立网络新闻信息的权威发布平台，网民的公共交流平台等。其二，要加强网络文化产业的发展，采取措施鼓励那些紧跟社会发展潮流，符合社会主义核心价值观的网络精品小说和网络电视电影的发展，鼓励绿色网游、教育网游的开发和运用。其三，对于那些体现社会主义核心价值体系本质的、有利于大学生网络道德素质提升的优秀事迹，也应充分利用网络进行宣传和报道，在大学生中发挥榜样的作用。

（3）保持良好的网络舆论氛围

网络舆论是指在互联网上传播的公众对某一焦点所表现的有一定影响力的、带倾向性的意见或言论。网络社会舆论对当代大学生网络思想和道德观念的形成和发展起着举足轻重的作用。要提高大学生的网络道德素质，必须要给大学生创造一个良好的网络舆论氛围，最为关键的就是要注重网络舆论引导，帮助大学生形成对事物、事件的正确认识。首先，政府要在网络舆论引导中发挥主导作用。政府在网络舆论引导中具有天然的优势，有着其他非政府组织不可比拟的组织性、权威性。因此，政府要充分利用其优势，建立权威的信息发布制度，对某些行为、事件特别是突发的公共事件及时公开，让大学生第一时间了解事实真相，减少大学生网民对事件的不必要的猜疑。其次，要尽量保障在关于社会重大道德问题上，网上正式舆论与非正式舆论评价和态度上的一致性。如果网上正式舆论与非正式舆论在对社会重大道德事件的评价上态度不一致，人们很容易受到非正式舆论的负面影响，继而削弱正式舆论的话语权，甚至导致人们对社会道德评判标准的产生疑惑，网上非正式舆论的错误言论极易误导网民特别是当代大学生。因此，要充分利用网络媒体揭露有损国格、与社会主义道德要求背道而驰的不道德行为，同时，还要对这些典型的不道德案例进行冷静的思考和分析，加大对社会主流媒体的监管，牢固主流媒体阵地。

（二）加强人文科学知识教育

无论是过去还是当前，西方发达国家经济上的优势比较明显，发达国家往往借助他们强有力的经济财力或专项资金的支持大力发展其网络文化，通过网络或其他新兴媒体向全世界进行西方文化和意识形态的传播与渗透。

为维护中国公民尤其是青年大学生对中国优秀传统文化的认同和传承，教育者必须有意识地通过网络等新媒体，进行中华民族人文传统和科技进步内容的传播、教育和引导，激励当代青年弘扬中华文化，增强他们的民族文化自信心、社会主义道路自信心；增强认同中国特色社会主义理论的自信心的同时，也增强他们开拓创新的自信心、自豪感和源动力。

在自然科学方面，当代青年应具有文化内涵和道德底蕴，还应具有科学思维和品质。因此当代思想政治教育工作者在网络素养教育活动中，必须注重对大学生进行自然与人文的教育，注意二者的并重，促成青年学生文理交融，自然与人文兼容。思想政治教育工作者在网络思想政治教育活动中，要使青年学生明理、明智、启智，提升青年学生的网络人格素养，促成青年学生全面发展。事实上，当代大学生求新和创新的意识强烈，他们对先进的科学发明和发现非常感兴趣。作为网络时代的思想政治教育工作者，要有意识地因势利导，在网络思想政治教育活动中传承和介绍自然科学成果和成就，增加网络思想政治教育的吸引力，提升网络思想政治教育的实效性。

作为高校的思想政治教育工作者，要有意识地利用网站、微博、微信等平台开展网上科技等活动，从而将网上科技活动作为网络思想政治教育的主要内容之一，让受教育者通过参与网络知识、新媒体创意或新媒体设计等网络媒体活动，激发大学生的创新精神和求知欲。通过网上科技活动的开展，能极大地将网络时代大学生应有的高尚情操和科学精神内化为大学生的网络人格素养。

第五章 创新大学生网络素养教育方法

研究大学生网络素养最终指向大学生网络素养的提高。而大学生网络素养的提高依赖于行之有效的教育实践。教育是否行之有效主要取决于教育方法是否得当、教育环境是否有利、受教育者实践目标能否贯彻。而大学生网络素养教育要真正落到实处，还有赖于对教育原则和教育理念的准确把握。因此，我们认为当代大学生网络素养教育作为一项系统的、长期的工程，必须遵循教育原则，树立正确的教育理念，并通过创新教育方法来帮助大学生提高网络素养，为大学生的网络素养教育目标的贯彻落实提供指导，最终实现大学生网络素养教育目标。

一、大学生网络素养教育原则

原则是指人们说话或行事所依据的法则或标准。思想政治工作原则是在思想政治工作过程中，思想政治教育者制定目标、运用方法、选择途径所必须遵守的基本准则，也是思想政治教育者必须遵循的基本要求。根据教育对象和教育内容的不同情况，思想政治工作原则对教育者的行为形成一定的约束，从而保证整个思想政治教育活动按照客观规律进行，促进思想政治教育目标的顺利实现，并为正确地运用思想政治教育方法提供理论依据。它还反映了思想政治工作的客观规律，并贯穿于思想政治工作的全过程。在我党长期进行的思想政治教育活动中，总结和提炼出许多宝贵的经验，当今大学生网络素养教育的基本原则，更是这些经验在新时期的继承和发扬。我党在思想政治教育中一直坚持这些基本原则，其正确性已经在众多实践中得到反复证明，是我党的优良传统。大学生网络素养教育也必须在实践中坚持和运用这些原则，以便明确其目标和依据，从而增强针对性和实效性。具体而言，在大学生网络素养教育实践中应该坚持渗透性、示范性、内化性和层次性四项基本原则。

（一）渗透性原则

1. 渗透性原则的含义

渗透本意是指一种低浓度溶液中的水或其他溶液通过半透性膜进入另一种较高浓度溶液中的现象。渗透的比喻意义是指一种事物或势力逐渐进入到其他领域。思想政治工作中的渗透性原则是指："通过采取多种途径和手段，将思想政治教育的内容渗透到受教育者实际生活的各个方面，使受教育者自觉接受并内化一定社会所倡导的思想观念、政治观点、道德规范的一种潜移默化的教育。它是一种强调教育者与受教育者地位民主平等、教育内容潜移默化、教育手段丰富多样的教育。"[1] 在此过程中，一方面要求思想政治教育主体要具备渗透意识，根据思想政治教育对象的实际情况，创设愉悦的思想政治教育氛围，有针对性地运用各种思想政治教育载体，调动思想政治教育对象的主动性、积极性，使其在不知不觉中接受思想政治教育的感染和熏陶；另一方面，要求思想政治教育主体根据思想政治教育对象的受教育情况通过教育的渗入，及时进行引导和调整，使其向正确的方向发展，以更好地实现预期的思想政治教育效果。从当前大学生网络素养的现状和发展来看，必须重视这一有效的教育形式，也是提高大学生网络素养教育方法必须坚持的一项重要原则。在大学生网络素养教育中坚持渗透性原则，就是指思想政治教育者通过一定的方式将网络素养教育渗透到大学生群体中，以提高大学生网络素养的一种教育方法和原则。

2. 坚持渗透性原则的必要性

加强大学生网络素养教育是规范网络行为的内在要求。在社会急剧变化和网络飞速发展的今天，传统教育方式实效性的弱化日益明显。网络开放性的特点决定了大学生在网络世界的行为也具有一定的不可控性。而网络素养教育的渗透性原则也决定了其可以不受空间的限制，相对于传统的教育模式来说具有明显的优势，可以随时随地地进行教育。因此，增强大学生网络素养教育的渗透性具有客观必然性。

---

① 刘馨瑜. 领导干部权力观教育研究 [D]. 湖南师范大学，2012.

第一，坚持渗透性原则，可以形成更大的教育合力，增强教育主体的教育力量。教育主体即教育者，是教育活动的基本构成要素之一。思想政治教育主体，也就是思想政治工作者，是指"经过专门训练，能有目的和按计划对受教育者进行思想政治教育的个人"[①]。在网络时代增强教育主体的教育力量，就是要通过渗透的方式使各个领域中可能具备的教育者在各项教育的具体实施中形成综合作用力，这种教育合力虽然是以各种教育力量的大小和多寡为基础，但是它仍包含着"整体大于部分之和"的功能效应。大学生的网络素养教育同样需要整合社会各种教育力量，从各种不同的教育主体入手，加强对其正面干预和引导，使其向着社会既定的网络道德规范发展。

第二，坚持渗透性原则，可以减少阻力，增强教育客体的接受程度。教育客体即受教育者，是指"在思想政治教育过程中，教育者进行教育和教育环体施加影响的对象"[②]。大学生作为青少年的一个主要群体有着共同的特点，通常不愿意接受公开的面对面的教育，对教育者开展的教育活动往往有排斥和抵触心理，容易产生逆反情绪。基于这些特点，对大学生的网络素养教育也不能盲目强制实施，在其学习和生活中通过潜移默化的渗透，能在自然状态下提高他们的素质，让他们在无形中接受教育，因而经常能收到理想的教育效果，无形中增强了教育客体的接受程度。

第三，坚持渗透性原则，可以强化教育效果，增强教育介体的手段方式。教育介体即教育内容和教育方法，是指"教育者用来影响受教育者的一定社会所要求的思想品德规范以及把这思想品德规范传授给教育者的各种活动方式和手段"[③]。对大学生的网络素养教育要想获得顽强的生命力，充分发挥其潜能，收到真正的实效，就必须重视教育介体，尤其是对教育方法的把握和运用。在信息化高速发展的时代，更应当积极利用各种现代化的手段和方式，把网络素养渗透到大学生的日常学习和生活当中去，才能更好地解决网络虚拟世界和现实世界之间所存在的矛盾，才能达到预期的教

① 教育部社会科学研究与思想政治工作司. 思想政治教育学原理 [M]. 北京：高等教育出版社，1999：79.

② 陈成文. 思想政治教育学 [M]. 长沙：湖南师范大学出版社，2007：155.

③ 陈成文. 思想政治教育学 [M]. 长沙：湖南师范大学出版社，2007：156.

育效果。一旦思想政治教育与现实生活互相脱离，二者就会成为名副其实的"两张皮"，思想政治教育也就变成"空头政治"，大学生的网络素养也会失去精神动力。

第四，坚持渗透性原则，可以适应网络时代的发展要求，增强教育环体的影响范围。教育环体即教育环境，是指"对人的思想政治品德形成与发展过程和思想政治教育过程产生影响的一切自然条件和社会条件的总和"①。我们现今的社会正经历着深刻的变化，已经进入信息化的进一步发展时期。随着生产的全球化、市场化和现代化的发展，人与人的关系越来越社会化，彼此的交往和影响越来越多；随着多媒体、互联网等现代化传媒的发展，人们之间的交流也越来越多。社会环境尤其是网络环境对人们思想的影响也已远远超过了思想政治教育系统的影响，因此，我们必须通过多种方式和途径使社会环境中的积极因素渗透到网络环境中去，顺应网络时代的发展要求。

3. 坚持渗透性原则的基本要求

大学生网络素养教育要想真正渗透到大学生日常的学习和生活中去，就应从以下几个方面努力。

第一，增强大学生网络素养教育的穿透力。在具体的实际工作中，作为大学生网络素养教育的教育者应该提高自身的综合素质，才能在信息化时代真正发挥网络素养教育的效能，才能增强网络素养教育的穿透力，而教育者能力的增强主要体现在渗透意识和渗透能力的增强。渗透意识的增强要求教育者随时随地都要关注大学生的网络素养，切实为真正提高其网络素养服务。渗透能力的增强则要求教育者能熟悉网络环境和网络行为，善于做大学生的思想政治工作，并且能够配合网络管理人员工作。只有这样，才能增强大学生网络素养教育的穿透力。与此同时，教育者应当积极了解网络发展状况，提高网络素养，为大学生网络素养教育掌握第一手资料。

第二，突出大学生网络素养教育的渗透重点。在现代信息化的浪潮中，影响大学生网络素养的因素较多，归根结底大学生网络素养欠缺的原因主要有内因和外因两个方面，具体来说，一是大学生在网络世界中自身网络

---

① 陈成文. 思想政治教育学 [M]. 长沙：湖南师范大学出版社，2007：156.

自律意识不强。由于大学生还处在自我意识形成和发展的时期，世界观、人生观、价值观还不够成熟，容易产生一些错误的思想意识。一些人认为网络是一个虚拟世界，缺乏现实社会的监督，因此更忽视了自己的言行举止。二是社会主义市场经济发展的负面影响。随着市场经济的不断发展，大学生思想中个人主义、拜金主义等错误思想的出现，道德行为的失范，价值观念的迷失，这些不利因素对大学生正确价值观和思想行为都会产生严重的影响。针对这些问题，要求教育者在加强大学生网络素养教育时，要善于抓住问题的重点，在各个阶段、各个环节狠抓落实，有针对性地为解决这些问题扫清障碍。

第三，把大学生网络素养教育渗透到社会生活的各个方面。网络素养教育是一项长期艰巨的工程，涉及社会生活的诸多领域，尤其是作为未来社会的主人，大学生的网络素养教育更是不能忽视的。从当今大学生的学习生活环境来看，他们不再是"两耳不闻窗外事，一心只读圣贤书"。在日常的学习生活中，除正规的学校生活以外，他们也会进入社会生活的各个领域，尤其对社会生活中的新鲜事物有极高的敏感性和极快的模仿力。因此，提升大学生的网络素养教育需要全社会共同努力，在社会生活、职业生活、闲暇生活等方面进行间接渗透，创造良好的社会环境和社会氛围，使他们在不知不觉中自然地受到教育的熏陶，形成一种潜移默化、寓教于无形的效果。

（二）示范性原则

1. 示范性原则的含义

所谓示范性原则，是指"充分发挥先进典型和思想政治教育者自身的榜样模范作用，感染和启发受教育者，以促进其思想认识与觉悟不断提高的工作准则"[1]。先进的典型是面旗帜，能够引导人们前进的方向，他们走在历史的前列，"他们是我们民族的优秀分子，在他们身上体现着我们的民族精神，体现了民族的希望"[2]。在大学生网络素养教育中也应该树立先进典型，积极发挥先进典型的榜样模范作用，以他们的精神和行为激励、

[1] 陈万柏，张耀灿. 思想政治教育学原理 [M]. 北京：高等教育出版社，2016：171.
[2] 江泽民. 江泽民论社会主义精神文明建设 [M]. 北京：中央文献出版社，1999：208.

感召、引导大学生规范网络行为，加强网络自律，提高网络素养。

2. 坚持示范性原则的必要性

抓典型树榜样、发挥先进典型的示范作用，是对大学生进行网络素养教育的基本原则，具有十分重要的作用。

第一，示范性原则具有客观的科学依据。首先，唯物辩证法认为，事物的发展总是不平衡的，有差别的。人的思想觉悟也有先进和落后的区别。树立先进典型，就可以对处于一般和落后层次上的人起到模范带头作用。作为大学生群体，他们的思想觉悟更是参差不齐，网络素养也千差万别，对于一些网络素养不高的大学生也要加强教育和引导。通过这种方式使他们在榜样的激励和影响下向更好的方向发展。其次，先进性是个性与共性的对立统一，先进性代表事物发展的一般规律和正确方向。因此，我们在开展大学生网络素养教育时，要注意发现和运用先进典型的榜样作用，对网络素养不高的大学生进行激励。大学生一般都具有较强的自尊心和进取心，同榜样进行比较后会产生一定的差距，这种差距会激励大学生内心产生不甘落后的思想动力，形成一种奋起直追、赶超先进的良好局面，推动网络世界的良性运转。

第二，示范性原则符合大学生网络自律意识和行为的活动规律。大学生的网络自律意识是受外界影响的，而大学生的网络行为又是受网络自律意识支配的。先进典型的形象作为一种客观存在以非常现实、直观、具体、形象的形式强烈地、反复地作用于大学生的头脑，促使大学生自觉地以先进典型为参照物，对自己的网络自律意识进行检验、校正和升华，逐步形成并发展成为自己正确的网络自律意识，从而使自己错误的网络行为得到反思和纠正。这样他们的心灵得以净化，思想得以升华，情感得以熏陶，认识得以提高，意识得以加强，行为得以端正。从心理学的角度来说，人都有追求、渴望得到社会和他人认可的心理，就像高尔基所说的，每个人"都可能并且也会变为好人"。宣传典型能够激发和强化大学生的这种心理需要，就会起到正面引导和激励的作用。

第三，示范教育具有更强的感染力和可接受性。俗话说，耳听为虚，眼见为实。示范教育以其生动形象的特点，比较容易激起受教育者的思想情感的共鸣。大学生的网络素养教育也有相同的特点，在示范教育中，他们所看到的是生动活泼、富有良好网络素养的同龄人，这些人的真实行为和具体做法能更好地激起他们的思想情感共鸣，从而大大提高大学生网络素养教育的可信度和说服力，最终促成其网络素养的提高。

3. 坚持示范性原则的基本要求

在大学生网络素养教育中坚持示范性原则，应当做到以下几个方面。

第一，善于发现和树立典型，实事求是宣传典型。典型源于生产和生活，源于人民群众。我们只有经常深入大学生的日常生活，并且了解掌握时代脉搏和网络特征，才能慧眼识珠，发现大学生身边的先进典型。在树立典型时应坚持先进性的标准，对大学生群体中网络素养高的先进典型进行宣扬，使其他学生在网络活动中有榜样可学，有目标可追。在宣传典型的事迹时，还要坚持实事求是的原则，帮助这些先进典型人物进一步培养和提高其网络素养，总结他们各自的经验，对周围更多的大学生起到正面影响和激励作用。只有这样才能达到"点亮一盏灯，照亮一大片；抓好一个点，带动一个面；树立一个人，带动一群人"的社会效果。

第二，引导大学生正确对待先进典型。大学生身边的榜样树立起来之后，首先，要教育和引导广大大学生虚心学习和正确对待先进典型，逐步在学校范围内形成尊重先进和争当先进的良好风气。通过这些先进典型的自身经验对身边大学生的网络素养形成积极的影响。对那些嫉妒、贬低先进人物，甚至散布流言蜚语讽刺打击先进人物的人，要坚决予以制止，应理直气壮地扶正祛邪，并采取一定的措施，保护先进典型。其次，要教育大学生在学习先进典型的经验时，应结合自身的实际情况，创造性地进行应用。

第三，加强教育者自身修养，以身作则、率先垂范，切实成为大学生学习的榜样。教育者肩负着传播真理和塑造灵魂的神圣使命，作为真理的传播者，本身的素质和形象直接影响着真理为大学生所掌握的程度。一方面，网络时代的发展要求教育者必须具有较高的理论修养、丰富的网络知识和较强的教育能力，只有这样才有可能使抽象的说教变得形象生动，具有足够的说服力。另一方面，教育者要言传身教、身体力行，带头在网络世界中用良好的自律行为约束自己的言行，同时把高尚的道德标准和正确的价值观念在网络自律意识下得以实现。用自身的模范行为带动身边的大学生，用自己的美好形象和人格力量吸引和影响大学生，从而提高网络素养教育的权威性和影响力。

（三）内化性原则

1. 内化性原则的含义

所谓内化性原则，是指大学生在网络世界中将外在的社会道德规范转化为自己内在的道德信念和品行，把外在的社会道德规范约束力变为内在的行动力，以实现自身心理意识的自律。在具体的网络行为中，通过大学生对各种社会道德规范的不断实践，逐步将其内化成对自己的网络行为产生有效的约束力，并能在不同的网络环境中加以灵活应用。道德自律不是人们自发产生的一种内在意识，而是由于内化式的道德规范。也就是说，网络自律过程还需要大学生将所学的社会道德规范与本身已有的网络行为规范结合起来，形成新的意识和能力。

2. 坚持内化性原则的必要性

为维护网络世界的秩序及加强网络道德建设，将必要的社会道德规范内化为大学生自身的网络素养具有极其重要的作用。

第一，坚持内化性原则是大学生网络自律意识由他律向自律转化的需要。社会道德规范是用来约束人们社会行为的一种道德层面的规则，它虽然不具备法律约束力，但却有一定的舆论约束力。大学生的网络自律意识在一定程度上也是社会道德规范由他律向自律转变的结果，而这种意识主要是通过大学生的自觉、自主选择而体现的。列宁说："任何'监督'，任何领导，任何教学大纲'章程'……绝不能改变由教学人员所决定的课程的方向。"[①] 这就意味着网络自律意识也应该遵守基本的道德要求，遵循社会道德规范。一般来说，大学生的网络行为大多是在无人看见、无人监督、个人独处时进行的，这时需要大学生培养"慎独"精神，自觉地按照道德规范严格要求自己，而这种网络自律意识的培养就是将社会道德规范实现由他律向自律的转化。

第二，坚持内化性原则是强化大学生网络素养，更好地立足于网络社会的必要条件。人具有动物性和社会性双重特点，通常人的社会性占主导地位，也就是说，人的本质是一种社会性动物，离开社会，个人就无法生活。

---

① 列宁全集（第15卷）[M]. 北京：人民出版社，1959：439.

在网络社会中大学生的行为虽然具有隐匿性和随意性，但归根结底，他们的网络行为仍然是现实生活的真实反映，因此，一个不讲社会道德的人，不仅会受到现实社会舆论的强烈谴责，得不到他人的关心和帮助，而且也很难真正在网络社会中立足。作为网络社会成员的大学生，必须遵守反映社会共同要求的道德规范，并将其转化为自身的网络素养，才能实现网络社会的稳定和发展，保证其有序运行。

第三，坚持内化性原则是大学生网络素养完善和发展的重要途径。大学生网络素养完善和发展就是将社会的道德要求转化为其个体在网络行为中内在的道德需要。根据马斯洛的关于人的需要理论，人的需要层次中最高层次即尊重和自我实现。在网络社会中的自律意识同样不是以获得、占有、享受为目的，而是从人的道德良心出发，把对社会和他人的给予、奉献当作一种义务和责任。从心理学角度来说，一个有网络素养的人，从欲望、动机到行为，都是把对社会和他人的奉献看作最有价值、最值得去做的事情。可见，以道德需要为动机的网络素养，是大学生到达高尚道德境界的必由之路，也是社会道德规范转化为网络道德规范的重要标志，从而成为大学生网络素养完善的必备条件。

3. 坚持内化性原则的基本要求

在大学生网络素养教育中坚持内化性原则，应当注意以下几个方面。

第一，熟知网络道德规范，提高网络素养的认知水平。网络社会是伴随信息化时代的到来而出现的一个虚拟世界，在现今还不是一种完全成熟的社会形态，但网络的出现以及所产生的新的网络社会已经成为一个不容忽视的事实。大学生对传统社会生活中的基本道德规范的认知也日益影响和改变他们在网络世界中道德意识和道德行为的形成。在网络世界里，"人们多了一份伦理责任，不仅要遵循从前既有的道德规范，而且要遵循新的占主导地位的网络道德"[1]。网络道德的认知是网络素养和网络道德行为的先导，是大学生对网络关系及其道德的认识和思考。提高大学生的网络道德认知水平，是提高其网络素养的基础。

第二，培养网络道德情感，增强提高网络素养的道德信念。在网络世

---

[1] 李伦. 鼠标下的德性 [M]. 南昌：江西人民出版社，2002：71.

界中，大学生根据自己的道德规范对网络社会现象所表现出来的喜怒哀乐等情绪即网络道德情感，它对大学生的道德认知转化为行为能产生重要影响。网络道德情感一旦形成，就会对大学生的网络行为形成一种较稳定的影响力量，并且没有道德情感的内化，网络道德规范就不会自觉地转化为大学生的心理需求，网络素养的道德信念也无从增强。提高网络素养也是对于意志的磨炼。只有在纷繁复杂的思想斗争中磨炼意志，才能养成良好的网络习惯，将社会道德规范逐步内化为内心的责任感，提高网络素养。在社会主义市场经济条件下，现实社会中各种道德观念和价值标准良莠不齐，也对网络世界中大学生的行为产生不良影响，也应有适当的标准和约束。因此，网络道德信念的形成是道德认识的升华并达到巩固的标志，它对网络素养的形成与提高起到至关重要的作用。

第三，提高大学生的需要意识，激发网络素养的内在动力。心理学专家指出，人的需要是每个人发展的内在动力。人的需要是指其在生活中感到某种不足而力争获得满足的一种内心状态，是外部生活条件需求在人的头脑中的反映。马斯洛关于人的需要理论同样对网络素养的养成具有重要意义，由于事物变化的根本在于自身内部矛盾的运动，因此，要提高大学生的网络素养，就必须强化其需要意识，激发其内在动力。

（四）层次性原则

1. 层次性原则的含义

所谓层次性原则，是指"思想政治教育要依据受教育者不同的思想意识和觉悟水平，区分对待，分层次进行"[1]。层次性原则是教育者进行思想政治教育活动的基本工作准则，是以思想政治教育的层次性教育体系为首要前提，由思想政治教育的目的和内容的整体与部分的辩证统一关系所决定的，进行大学生网络素养教育的基本条件。"层次"是一个相比较的概念，既有横向的比较，也有纵向的比较。由于大学生群体中存在不同层次的思想意识和觉悟水平，在网络世界中所表现出来的网络自律意识也不尽相同，针对具有不同层次网络素养的大学生群体，教育者应区别对待，采取不同的方法和对策。

---

[1] 陈成文. 思想政治教育学 [M]. 长沙：湖南师范大学出版社，2007：203.

2. 坚持层次性原则的必要性

在大学生的网络素养教育中坚持层次性原则，具有重要的理论意义和现实意义。

第一，有利于明确网络素养教育中的教育对象。大学生作为网络素养教育的对象，是一个思想意识复杂的群体，每个人不同的性格特征、心理素质、家庭背景等因素，都会对大学生网络素养教育造成复杂性和差异性。如果不把这个群体分成各种不同层次，我们的网络素养教育将无从着手，也无法顺利进行，网络素养教育的根本目的将不可能达到。

第二，有利于把握大学生网络素养的形成规律，增强网络素养教育的针对性和实效性。大学生网络素养具有相对稳定的层次结构，同时，其网络素养的形成过程又是一个不平衡的矛盾发展过程，这一过程包含了不同层次和不同性质的思想矛盾，我们只有正确地把握层次性原则，才能正确地理解大学生的网络素养的形成规律，才能根据他们的网络素养层次，因人而异，因材施教，从而增强网络素养教育的针对性和实效性。

第三，有利于促进网络社会的发展。网络素养教育是网络社会发展的一项基础性的工作，是搞好网络社会建设的基本保证。网络素养教育的好坏直接关系到网络社会建设的成败。随着改革开放的不断深入，各阶层、各群体利益呈现多元化的趋势，人们的思想观念、价值观念也相应地日益多元化。这些观念通过网络行为也会使网络素养呈现出多层次性。在新的社会条件下，我们只有坚持好层次性原则，才能更好地适应新变化，搞好网络素养教育，进而促进网络社会的发展。

3. 坚持层次性原则的基本要求

为了更好地贯彻层次性原则，我们必须做到以下几点。

第一，要正确区别大学生的思想类别、思想层次，确定适当的网络素养教育目的。网络素养教育是一项细致的工作，这就要求我们深入大学生的实际生活，弄清楚他们的思想层次，确定好划分层次的标准及其网络自律意识教育的目标。一般来说，我们可以把这个群体的思想层次分为两个方面：个体层次和群体层次。个体层次是指一个人的思想可根据他反映社会存在的深浅程度，分为感性思想和理性思想。只有具备较低层次的感性思想才能向较高层次的理性思想发展。群体层次是指相同的群体内部由于思想状况、道德水平的不同而划分的不同层次。教育者必须根据不同思想层次大学生的状况来制定要达到的网络素养教育目的。

第二，要根据大学生的思想层次来选择合适的网络素养教育内容和方法。大学生的思想层次具有复杂性的特点，针对这些复杂的特性，教育者在进行网络素养教育时就应具体问题具体分析，选择合适的教育内容和教育方法。

第三，要正确理解层次性原则，不能僵化地对待层次。层次是一个动态的概念，它不是一成不变的。教育者在运用层次性原则时也绝不是要把大学生分成不同的等级，而仅仅是为了更好地去研究、去实施教育方案，使教育方法更好地适应大学生，从而取得较好的网络素养教育效果。把大学生划分为不同层次，绝不是说处于低层次的大学生思想落后，只是他们的网络素养还不够高。层次性如果变得僵化，不仅不能取得理想的效果，还会使大学生产生逆反心理。因此，对大学生进行网络素养教育时，应大力树立和表彰先进典型，把网络素养高的先进典型的经验进行宣扬，促使不同思想层次的大学生都能在各自原有的基础上不断地提高网络素养。

二、大学生网络素养教育理念

理念引领发展，理念促进实践的调适。结合大学生网络素养培育的现状与互联网飞速发展的态势来看，可从坚持以学生为中心、坚持全方位育人、坚持教育合作的教育理念来构建大学生网络素养教育的新理念，加强对大学生网络思想行为的引导和网络素养的培育。

（一）坚持以学生为中心的教育理念

党的十九大报告将"坚持以人民为中心"确立为新时代坚持和发展中国特色社会主义的基本方略之一，这就在一定程度上代表着需要始终把人民利益放在首位，不管是经济建设还是社会事业发展，都需要围绕人民群众来具体展开。以人民为中心的发展思想是以习近平同志为核心的党中央在延续党中央人民观念的基础之上，在实践中不断去健全和完善。习近平总书记明确指出，"人民对美好生活向往的需求是新时期国家发展的最为核心的向往，就是我们的奋斗目标"①，并且在此基础之上形成了以人为本的重要思想。习近平总书记还指出"要树立以人民为中心的工作导向"②。2014年10月，他在文艺工作座谈会上强调"坚持以人民为中心的创作导向"③。2015年，党的十八届五中全会确定了以人民为中心发展思想的重要地位。在党的十九大报告中，习近平总书记多次提到"以人民为中心"。2018年3月，习近平总书记在十三届全国人大第一次会议闭幕会上指出，必须始终坚持人民立场，坚持人民主体地位。中国特色社会主义进入到新时期，有了新的发展任务，在教育事业上有着全新的定位：教育工作者要积极履行自身所承担的责任和义务，并且能够在此基础之上，积极贯彻落实立德树人的人才培养任务，培养勇于创新、敢于突破、全面发展的青年骨干人才。因此，将"坚持以人民为中心"的发展思想贯彻到高等教育领域，贯彻到大学生网络素养教育中，就是要"坚持以学生为中心"的发展思想。以学生为中心的教育思想和办学理念，联合国教科文组织早在1998年就写进《世界高等教育大会宣言》（以下简称《宣言》）。《宣言》规定，在当前发展阶段中，高等教育也需要进行新突破和新发展，能够在此基础上，从学生个性化需求的角度来对教育进行改革，以此来最大限度地满足学生的学习需求。《宣言》还提出高等院校的决策者需要重视学生的主体地位，积极地展开以学生为核心的教育改革。《宣言》预言，以学生为中心的新理念，必将对21世纪的高等教育产生深远的影响。这标志着以学生为中心成为世界高等教育发展的指导思想，成为现代大学的办学准则，是现代大学提高教育教学质量、规范教学行为的规定。立足本书主题，大学生网络素养教育，其主体是大学生，是围绕大学生面对网络的思想活动及延伸的行为而展开的，因此，其理念必然要以学生为中心。

网络对现代人产生的深远影响是毋庸置疑的，无论是在生存方面，还是在发展领域，皆给人们开辟了全新的认知平台和实践场域，大学生是网络受众中的主要群体，他们在获得海量信息和极大便利的同时，也面临着史无前例的挑战。网络时代正充分地推动着大学生的个性发展，使大学生

① 习近平. 习近平谈治国理政 [M]. 北京：外文出版社，2014：4.

② 习近平. 在全国宣传思想工作会议上的讲话 [N]. 人民日报，2013-8-20.

③ 习近平. 在文艺工作座谈会上的讲话（2014年10月15日）[M]. 人民出版社，2015：13.

在网络环境里享受着最大限度的权利与自由，主体性得到前所未有的强化。与此同时，信息网络的匿名性、虚拟性、互动性等特点使大学生深陷其中，放纵张扬自身的个性，加速他们的个性化发展。另一方面，去中心化在网络中得到最大化的体现，人与人之间的话语平等在网络中得以实现，使每个人都在网络世界能成为受人瞩目的中心，这在有助于平等观念形成的同时，还能使大学生更快捷高效地交流意见与共享资源。值得我们注意的是，在利用网络载体的过程中，大学生作为最具活力的网络群体，应自觉践行网络道德规范，在提高大学生网络素养的基础上，进而提升大学生网络素养教育的实效性。

然而，大学生在信息网络环境中所面临的困境与危机，网络自身的特点值得我们注意，因为正是它所固有的特点在制约着大学生的全面发展。首先，海量化、多样化的网络信息以及网络舆论主导力与网络筛选技术的滞后，给大学生去伪存真、去粗存精的认知力、判断力和选择力造成了巨大威胁。人网虚拟和人机交流的重塑导致大学生在现实生活中的人际交流能力逐渐下降甚至丧失。其次，网络信息的冗杂性与信息获得的低成本化，使得大学生对网络渠道和网络信息产生严重的依赖性，使其思维能力固化、操作能力衰退。总的来说，网络环境承载着各种文化的融合，在大学生"三观"塑造过程中所产生的深刻影响，以及由此造成的歪曲政治观念、缺乏道德责任感等现象不容忽视。

可见，无论是从大学生对网络的依附性来看，还是从大学生在网络环境下所呈现的去中心化、辨别力消减等现象出发，大学生网络素养教育都亟须坚持以学生为本的理念来予以调适。高等院校思想政治教育需要重视学生的主体地位，并且要以学生的实际需求为核心，以此来激发学生的学习积极性，确保大学生网络思想政治教育工作能够顺利实施和开展。要想实现素质教育的价值，那么就需要明确学生主体意识，以此来激发学生的能动性，进而发挥其最大潜力，改变世界。

（二）坚持全方位育人的教育理念

德育是一项系统工程，既不能单单寄依靠某一教学环节，也不能仅仅依赖于某一教学主体，它需要进一步构建和完善"全员育人、全过程育人、全方位育人"的大德育模式，而加强当代大学生的网络素养教育有利于"把立德树人作为中心环节，把思想政治工作贯穿教育教学全过程，实现全程育人、全方位育人"①，从而培养出更多掌握先进科学知识、坚持正确价值观念、适应网络时代需要的卓越人才。

第一，在积极鼓励大学生发挥主观能动性进行自我教育的基础之上，整合和动员社会各界力量明确自身责任和角色优势来加强大学生的网络素养教育，充分发挥高校的主体作用，有效发挥政府的引导作用，切实发挥媒体的辅助作用，拧成一股绳、劲往一处使，有利于营造出"人人为教育之人、处处为教育之地"的"全员育人"氛围。

第二，大学生网络素养培育以大学生成人成才的基本规律为依据，在他们学习和生活的整个过程中提升其网络素养的教育，不仅在线下的思想政治理论课和计算机基础课中坚持不懈地传播马克思主义科学理论和社会主义核心价值观，呼吁大学生关注自身的网络素养，丰富其网络知识与技术，坚持正确的政治方向和道德原则，自觉规范网络行为，还要注重发挥各界力量维护健康和谐的网络生态环境，对大学生的线上活动进行正确引导和严格监督，因而网络素养培育有利于更大范围地实现"全程育人"，把德育的内容渗入人才培养的各个环节中去。

第三，大学生网络素养培育要求政府在制度层面上完善教育制度和网络法规，健全网络监控机制来进一步为规范网络虚拟活动提供制度保障；要求在文化层面上利用高校和社会公共场合的展板、校报、广播和广告栏等物质文化建设平台，广泛宣传网络素养的相关知识，从而创造出积极、浓厚的网络素养教育氛围；要求在实践层面上发挥党团组织和社团组织的课堂延伸作用，开展网络素养的相关实践活动以使大学生的网络道德和法律观念外化为网络实践行为。从制度、文化和实践等多方面完善网络素养教育，有利于拓展教育空间，优化"全方位育人"的教育方法和手段。

---

① 习近平在全国高校思想政治工作会议上强调：把思想政治工作贯穿教育教学全过程 开创我国高等教育事业发展新局面[N]. 人民日报，2016-12-09（1）.

（三）坚持教育主体合作的理念

1. 增强合作意识和合作意愿

大学生网络素养提升主体单一、其他社会力量参与不足最直接的原因就是观念落后。多元化主体没有认识到合作的必要性与可行性，主体之间缺乏进行合作的意愿。这样，就限制了网络企业、公益组织和社区参与提升的积极性，严重影响大学生网络素养的提升进度。合作意识是指多元化主体对共同提升大学生网络素养的认知，是合作关系构建的基本前提和重要基础。目前，多元主体的合作意识比较淡薄，合作意愿不够强烈。政府习惯于充当社会工作的管理者，常常忽视其他社会主体的作用，而缺乏与其联合的合作意识、合作意愿；一些相关的私营部门贪图经济利益而缺乏社会责任感，合作意愿不强；学校拥有大量便利条件却忽视与其他主体的合作，缺乏合作意识；社区和家庭也容易忽视与学校以及其他主体的合作。

多元化主体合作能够抓住网络世界中的"政治差距"问题。大学生网络素养提升受网络社会不稳定因素的牵制，而网络不稳定实质上类似于人类社会中的政治差距。亨廷顿认为，亚洲、非洲和拉丁美洲国家的政治不稳定的原因在于"政治参与水平提高过快，其速度远远超过了'处理相互关系的艺术'的发展速度"[①]。网络的飞速发展增强了大学生的参与意识，拓宽了大学生的参与面，大学生参与网络的水平不断提高，然而网络政治制度却进展极慢；网络世界中"社会的动员和政治参与的扩大日新月异，而政治上的组织化和制度化却步履蹒跚"[②]。结果导致网络动荡频发，对大学生网络素养造成负面影响。多元化主体合作关系的构建是网络政治制度化健全的过程。制度，就是稳定的、受珍重的和周期性发生的行为模式。[③]在大学生网络素养提升的过程中，多元化主体的合作关系具备一定的适应性、复杂性、自治性和内部协调性，是较高水平制度化的大学生网络素养

---

① [美]塞缪尔·P. 亨廷顿. 变化社会中的政治秩序 [M]. 王冠华，刘为，等译. 上海：上海人民出版社，2008：4.

② [美]塞缪尔·P. 亨廷顿. 变化社会中的政治秩序 [M]. 王冠华，刘为，等译. 上海：上海人民出版社，2008：10.

③ [美]塞缪尔·P. 亨廷顿. 变化社会中的政治秩序 [M]. 王冠华，刘为，等译. 上海：上海人民出版社，2008：4.

提升模式。多元化主体合作关系旨在建立一个多元化主体全方位参与提升大学生网络素养的长效机制。在合作过程中，多元化主体拥有共同的目标，遵守统一的行为规范，在统一的领导下各司其职，能有效弥补单一主体行动的缺陷，形成有序的合作氛围。在合作效果上，能够做到对大学生的网络素养动态进行全方位监管，对处于不同网络素养水平的大学生采取不同的措施，从根本上提升大学生的网络素养。

因此，从各级政府部门开始，各多元化主体应该转变陈旧观念，树立多元化主体合作的理念，增强合作意识和合作意愿。一方面，政府要重新诠释政府管理观念。由于大学生网络素养提升的复杂性和网络素养缺失事件的频发，无论是政府还是被寄予厚望的学校，都无法单独承担应对风险的重任。同时，社会民主的进步日益催生社会主体参政的意愿和能力，许多社会主体已萌生提升大学生网络素养的愿望，并极有可能在实践中增强这种能力。另一方面，网络企业、公益组织、社区等多元化主体应增强自身责任感。帮助大学生形成符合社会政治经济要求的网络素养，善其道利用之，恶其道弊用之，是社会各界义不容辞的责任。大学生网络素养状况关乎国家和民族的未来，影响每一个家庭和个人的切身利益。现实中造成大学生网络素养低下的因素是多元的，主要包括社会环境因素、学校教育因素、家庭因素和青年自身因素等。因此，从根本上有效提升大学生网络素养理应靠全社会共同努力，即多元化主体相互合作。

2. 明确合作目标

合作目标的设立直接影响到合作关系的建立与合作效果。布林克霍夫认为理想的合作关系"是形形色色的参与者之间的一种动态关系，这种关系建立在各个参与者相互之间具有一致目标的基础之上"[①]。大学生网络素养提升主体来自不同的阶层，都有各自的利益诉求。例如，网络企业，盈利是其最大目标。网络游戏公司为游戏制作逼真的视觉效果、精妙的动画设计以期迎合玩家的游戏心理，调动大学生的游戏欲望。如果各个主体都按照各自目标行事而没有明确合作目标，将会导致思想行动不统一，合作效果差，影响合作效应的发挥。合作关系建立的要义在于理顺多元化主体

---

① Jennifer M.Brinkerhoff.Government—Nonprofit Partnership: A Defining Framework [J].Public Administration and Development, 2002（1）: 19.

的关系，明确合作目标就是合作关系建立的重中之重。

在明确多元化主体合作目标之前，首先应树立多元化主体合作关系建立的目标，良好的合作目标是大学生网络素养提升目标实现的前提。政府应及时出台相应的法规作为制度保障，给予相关公益组织法律政策、资金和管理上的支持，畅通公益组织申报渠道，对网络企业因大学生网络素养提升而做出的利益牺牲给予一定的补偿，调动公益组织和网络企业的积极性。网络企业应提高自身的社会责任感，主动担任净化网络环境的责任。合作关系建立之后，树立大学生网络素养提升的目标，对大学生网络素养提升目标进行定性、定量的设定。对大学生网瘾比例、大学生网络犯罪案件、大学生网络诈骗受害者等相应做出定量的计划，为大学生使用网络能力、网络批判能力等做出定性的目标。

三、大学生网络素养教育方法

教育的有效性首先取决于方法。在我国思想政治教育的实践中已经形成了许多行之有效、大学生乐于接受的方法。在网络素养教育方法的选择上，要结合大学生的实践、网络素养教育的特点来选择。总的来讲，在教育方法的选择上，要注重针对性，以提高实效；要突出隐蔽性，以乐于接受；要彰显个性化，以增加魅力。基于以上理解，本书认为要通过说服教育法、心理咨询法、陶冶教育法、榜样示范法、自我教育法和品德评价法的创新来切实提高大学生的网络素养。

（一）说服教育法

1. 说服教育法的内涵

说服教育法是对大学生进行网络素养教育的基本方法。说服教育法的含义是指从提高思想认识入手，通过准确剖析网络世界中的现实事例、深刻阐释网络生活中的道德规范和法律规范，启发学生的自觉性，提高学生的网络道德认知水平，自觉提高网络素养。

说服教育法具有正面性和主体性的特点。一方面是正面性，网络素养教育的说服教育必须遵循正面教育为主的原则，通过正面教育提高大学生对网络素养的认识，注重以理服人。另一方面是主体性，网络素养教育的说服教育必须充分发挥大学生的主体作用，激发大学生的自觉意识，积极引导大学生对网络事件充分发表自己的意见和看法，在畅所欲言的过程中引导大学生对具体问题具体分析。

2. 说服教育法的方式

网络素养教育的说服教育法主要包括语言文字教育和事实教育两种方式：一种是语言文字教育，侧重于通过语言文字的表述来开展网络素养教育，如知识讲述、公开演讲或专题报告，专题讨论或辩论，师生交谈，指导阅读等；一种是事实教育，侧重通过大学生的耳闻目睹、亲身体验来增加教育的可信度和感染力，如社会调查、参观访问等。在具体的教育过程中，往往两种方式综合运用，相得益彰。

（1）运用语言文字进行教育的方式

知识讲述：教师按照网络道德的要求，向大学生详细讲述有关网络现象的形成与发展过程，深入剖析网络现象的起因、结果和内在本质，帮助大学生掌握相关网络知识，提高应对相关网络现象的能力。这种方式比较形象主动，富于感染性。讲述或讲解必须注重知识的系统性，力求对基本论点进行充分的、有力的论证和系统的阐释，语言要生动、确切，有感染力和说服力。

报告或讲演：联系网络实际，比较系统地向大学生论述、论证、分析某个问题的教育方式。其特点在于涉及的问题比较深、广，所需时间长。这种方式可以开阔视野、激励情感、活跃思想。

谈话：针对大学生的思想实际，就网络生活中的某一问题与之交换意见，并对其进行教育的一种方式。谈话的针对性较强，便于师生之间交流思想感情，促进师生互相了解。谈话是说服教育常用的方式，不受时间、地点、人数的限制，课内课外均可进行。这种方式针对性最强，特别适用于个别教育。谈话的态度要诚恳、耐心，循循善诱、富有启发性。通过谈话促使学生思想产生的转化，提高他们的网络素养。

讨论或辩论：在教师指导下，由大学生围绕网络生活中的某个中心问题各抒己见、相互学习，经过充分的讨论和争辩，最后得出正确结论以提高认识。这种方式能充分调动和依靠大学生自我教育的积极性，有利于培养和提高大学生识别、判断、评价问题的能力和坚持真理、修正错误的勇气。

教师要引导学生敞开思想，积极发言，大胆提出问题，敢于争论，坚持以理服人。讨论结束时，教师不仅要及时进行小结，收集正确的意见，还要教育学生坚持真理，修正错误。在学生对某些问题的认识有分歧时，运用这种方式更有效。

指导阅读：在教师指导下，大学生开展阅读与网络世界、网络技术等相关的书籍、报纸、杂志等，以提高大学生的思想觉悟，补充口头说理不足的方式。可与讲解、讲述、报告、谈话、讨论相结合进行。指导阅读有利于培养自觉阅读的良好习惯，从而提高大学生的评价能力和辨别能力。

（2）运用事实进行说服教育的方式

主要包括参观、访问和调查。

参观：根据网络素养教育的实际需要，组织大学生到大型门户网站、网络软件研发企业、网络游戏生产厂家实地进行观察和研究。

访问：结合网络素养教育的某一种具体任务或研究课题，走访有关的典型对象以丰富大学生感性认识和情感体验的一种方式，如走访大型门户网站的运营管理者、网络软件的研发者、网络游戏的运营者等。

调查：有目的、有计划地获取一些足以说明网络世界中某些问题的第一手资料，以验证和加深思想认识的一种方式。

参观、访问、调查均是通过教师的组织使大学生接触社会实际，用具体生动的典型事例说服教育大学生的一种有效方式，具有很大的说服力。其共同特点在于：其一，可以加强网络素养教育与社会生活的联系，通过大学生的耳闻目睹、亲身感受，汲取丰富的营养以弥补口头说服之不足，增强教育的可信性与感染性；其二，有利于动员社会上与网络生活相关的各种力量，共同对大学生施加积极的影响。一般说来，参观、访问、调查等活动，要结合各个时期学生思想教育的中心内容和要求，有目的、有计划地进行，同时要做好具体的组织工作和活动后的交流、提高。

3. 运用说服教育法的要求

说服教育法的方式多种多样，一般都相互配合、综合运用。但是无论采用哪种方式都必须遵循以下基本要求。

第一，说服教育要讲求针对性。这是提高说服教育实效性的前提和条件。针对性是指说服教育的内容必须从大学生的知识水平、思想实际、年龄特点、个性差异及心理状态的实际出发,有的放矢地进行说服教育。同时,要深入了解掌握教育对象的具体情况,具体情况具体分析,采取有针对性的教育方式,选取合适的教育内容和教育场所。说服教育还必须紧密结合社会发展,特别是及时关注网络社会的发展,紧密结合网络社会的新趋势、新技术、新内容、新现象来开展大学生网络素养教育。

第二,说服教育要讲求感染性。感染性是指教师在进行网络素养教育时,要从激发大学生内在的积极情感出发,关心和爱护大学生,与大学生进行真诚、深入的交流,通过平等的交流引导大学生自觉认同网络素养、自觉养成网络素养。说服教育必须以情感人。要使说服教育具有感染性,一要从关心和爱护大学生出发,抱着尊重和信任的态度,设身处地地为大学生着想,循循善诱、推心置腹、坦诚相见,而不能以惩罚等手段强迫对方接受自己的观点。二要使说服富有知识性和趣味性。要注意给大学生灌输知识、理论和观点,使他们受到启迪,获得提高;同时选用的内容、表述的方式要生动有趣,使他们喜闻乐见,使接受说服教育变成一种精神享受,从而产生情感的交融和思想的共鸣,并落实到具体实践中。三是使说服真诚自然,不能言不由衷或装腔作势,矫揉造作只能引起大学生的怀疑和反感。

第三,说服教育要讲求真实性。真实性是指所采用的事实一定要符合客观实际,所阐释的道理一定要反映客观规律,要对学生讲实话、真话。大学生一个最大的特点就是有天然的实事求是精神,他们最喜欢讲真话、最反感讲假话。因此,教师一定要认真遵守客观规律来开展说服教育工作,要实事求是,不能随意夸大或缩小;讲道理要客观深刻,不能随意发挥。

第四,说服教育要讲求艺术性。艺术性是指在说服教育时要灵活运用说理的方法和方式。教师在进行说服教育时必须考虑教育的氛围,选择或创设符合教育内容和教育对象的场所开展工作;说服教育所采用的具体方式必须符合教育对象的特性,适合教育对象;语言文字的表达也要符合大学生的接受心理,尽量多使用"爱的语言"。

(二)心理咨询法

1. 心理咨询法的内涵

心理咨询法是遵循心理学的相关规律和理论,运用心理学的相关技能和工作方式，对大学生进行心理辅导和心理健康教育，帮助他们解决网络生活中出现的心理问题，促进其身心健康、全面发展。大学生网络素养教育的心理咨询法，实际上是心理咨询工作在大学生网络素养教育中的应用，其最大的特点是按照心理学的规律和方法开展教育。心理咨询教师，从大学生的网络心理特点出发，借助于心理咨询的技能和方法，对大学生进行网络素养教育，使其在信任与放松的心境中产生影响，在不知不觉中接受教育，从而增强网络素养教育工作的实际效果。

2. 心理咨询法的方式

网络素养教育的心理咨询法主要是借助于心理咨询的相关方法来开展。从大学生网络生活的实际出发，大学生网络素养教育可借鉴的心理咨询方法主要有以下几种。

（1）现实疗法

现实疗法认为：①爱与被爱作为人的基本需要，如果得不到满足，人就可能会逃避责任，回避现实。大学生网络素养教育希望通过心理咨询来纠正大学生这种不负责任的思想发展倾向，增强其责任意识。②人具有自主意识与自主能力，能对自己的行为负责。大学生网络素养教育希望通过心理咨询来增强大学生在网络生活中对成功的认同感，减少其失败的认同感，使其感受到自己在虚拟世界中的价值。③现实疗法注重现在与未来。大学生网络素养教育希望通过心理咨询来帮助大学生树立对未来的信心，教育大学生不必过于考虑以往网络生活中失败经历对自己发展的影响，而应该着眼于未来的发展。④现实疗法注重个人的责任担当。大学生网络素养教育希望通过心理咨询使大学生明确个人勇于承担责任是个人成功的重要条件，只有勇于担当，才能获得"成功的认同"。

（2）格式塔疗法

格式塔疗法认为：①人都能做好自己的事情。大学生网络素养教育希望通过心理咨询来使大学生充分认识到自我的价值和能力，激发其做好自己事情的欲望和能力。②人不能沉浸在过去的记忆里，而应该充分关注现在的生活和感受，否则会使人焦虑不安，严重影响人的健康发展。大学生网络素养教育希望通过心理咨询来帮助大学生将精神集中到现在和未来的生活。③内心"未完成情结"的实现有助于人积极面对现实。"未完成情结"是指个人生活中一些失败、痛苦经历所导致的不良情绪体验，包括歉疾、愤慨、后悔、痛恨等，这些情绪体验往往会成为抑制人活动的"心结"。大学生网络素养教育希望通过心理咨询来帮助大学生解开自己在以往网络生活中所留下的这些"心结"，从而丢掉包袱，轻松面对当下的生活状况。

（3）来询者中心疗法

来询者中心疗法认为：①人都有能认识不足并努力改进的能力。大学生网络素养教育希望通过心理咨询来帮助大学生充分调动自己的这一潜能，在网络世界中实现"自我实现"。人是现实自我和理想自我的统一体。现实自我即个人对自己在现实世界表现的自我感觉，而理想自我是个人对自己在理想世界表现的自我感觉。二者的冲突往往导致人对自我的困惑；而现实世界中获得的肯定越多，则二者就更趋向于一致。大学生网络素养教育希望通过心理咨询帮助大学生更多地去获得网络世界中对现实自我的肯定，减少与理想自我的冲突，促进大学生的协调发展。③建立尊重、理解和真诚的咨询关系是这一方法产生作用的前提条件。大学生网络素养教育希望心理咨询教师与大学生之间相互尊重、相互信任、平等相待，尤其是心理咨询教师以平等的姿态对待大学生，鼓励大学生敞开心扉，直抒己见，从而使大学生主动努力并在网络行为和网络人格等方面产生积极变化。

（4）理性情绪疗法

理性情绪疗法认为：①人是理性与非理性的统一体。非理性的理念是精神烦恼和情绪困扰的根源，往往使人惧怕现实、逃避现实；而理性的理念则会减轻人的精神烦恼和情绪困扰。大学生网络素养教育希望通过心理咨询来引导大学生在网络生活中培养理性的理念，减轻非理想理念的侵蚀。②人的非理性理念往往表现出绝对化的要求、过分夸张的概括、糟糕透顶的强烈反应等特征，并导致自暴自弃、自怨自艾等行为的产生。大学生网络素养教育希望通过心理咨询来帮助大学生认清网络生活中的非理性理念，从而防止非理性理念的产生。③某一事情所带来的情绪困扰，并非事件本身所造成的，而是由于人对事情的认识所导致的。大学生网络素养教育希望通过心理咨询来帮助大学生树立对网络生活中的具体问题的正确认识，防止错误认识所带来的困扰。④帮助咨询者认清非理性理念，树立理性理念，形成正确认识，消除非理性理念所带来的困扰。大学生网络素养教育希望通过心理咨询来帮助大学生在网络生活中更多地成为理性的人，而避免非理性。

（5）认知领悟疗法

认知领悟疗法认为：①认知过程尤其是当前的认知方式往往导致人的情绪变化，甚至改变人的行为动机。大学生网络素养教育希望通过理心咨询来帮助大学生在网络生活中形成正确的认知模式，从而引导大学生的网络行为。②对非理性理念的顿悟是摆脱非理性理念影响的关键。大学生网络素养教育希望通过心理咨询使大学生对自己在网络生活中的非理性理念产生深刻顿悟，从而消除非理性理念的影响，形成正确的认知方式。

（6）行为疗法

行为疗法认为：①学习是行为产生的前提，而强化决定了行为的巩固或消退。强化包括正强化和负强化，正强化如奖励则会促进行为的巩固，负强化如惩戒则会促使行为的消退。大学生网络素养教育希望通过心理咨询来帮助大学生通过学习来产生网络生活中的良性行为，通过正强化来巩固良性行为，通过负强化来消退不良行为。②学习环境对于强化效果有着重要的影响。大学生网络素养教育希望通过塑造特定的学习环境，来帮助大学生在网络世界中产生良性行为，纠正不良行为。

3. 心理咨询法的要求

运用心理咨询法，必须遵循以下基本要求。

第一，教师必须具有心理咨询工作技能。教师必须全面学习心理学知识，熟练掌握心理咨询技能。心理咨询是一项专业性很强的工作，不是一般的做思想工作，教师必须熟悉心理咨询的工作规律，熟练心理咨询的工作技能。因此教师在运用这一方法开展网络素养教育之前，必须经专业培训和学习，熟练掌握心理咨询技能，从而更加专业地开展工作。

第二，教师必须深入大学生的内心世界，准确把握大学生的思想动态，从学生的网络行为中了解大学生心理。不深入大学生的内心世界，就难以察觉并认清他们心理上的困惑、创伤等，进行工作时就会失去针对性。有效地了解和掌握大学生的心理状态，需要教师不断亲近、接触大学生，善于与大学生广泛交谈和对大学生进行多方面的观察和了解。

第三，必须建立新型的平等的师生关系。教师与大学生交朋友，从朋友的角度多关心爱护大学生，与大学生真诚交往。大学生一旦把老师真正当作朋友，就会与老师深入交流、沟通，就会主动向老师寻求帮助，认真听取老师的指导。在此基础上，教师的心理咨询和道德教育工作就能真正取得实效。在此过程中，教师必须注意尊重大学生，尊重大学生的人格，保护大学生的尊严，保守大学生的秘密，哪怕大学生吐露自己过去曾经的一些违规违纪问题，教师也必须严格保密，只能在教育的过程中加以分析指导，绝对不能向外包括向学校领导等人泄露。

（三）陶冶教育法

1. 陶冶教育法的内涵

陶冶教育法是指教师在网络素养教育中有目的地、有计划地自觉利用环境中的有利因素或积极创设的教育情境，对大学生进行潜移默化的熏陶和感染，使其心灵在耳濡目染中受到感化，进而促进其提高网络素养的一种方法。

陶冶教育法寓丰富的教育因素于各种有益的具体情境中，不是教育者通过说理直接影响大学生，而是教育者利用事先有意选择和积极创设的情境对大学生给予无言、无形、无求的影响。如此，可以减少教育的明示感，使学生减少压力感和预防心理，增强大学生的参与性、能动性和愉悦性心理，从而使大学生在不知不觉中受到深远的影响，达到陶情冶性的目的。陶冶教育法的特点在于：其一，隐蔽性。陶冶教育法是通过人格力量、自然环境和人文环境来对大学生进行网络素养教育的，而环境并不能说明网络素养教育的内容及所要达到的目标，但通过这种形式确实达到了网络素养教育的功效，只不过是潜移默化的过程。其二，渐进性。陶冶教育法是渐进的，而不是立竿见影；但是它一经发生作用，成为心理定式稳定下来，就不易发生改变，而成为深刻而持久的人格特征。陶冶教育法把学生置于一定的活动情境中，这种情境必须具体、生动、形象、直观，而且要像"磁石"一样强烈地吸引着大学生。这种情境从表面看是"无求的""自发的"，而实际上是经过教师精心设计安排的，使大学生在不知不觉中，在有意识和无意识地相互作用的过程中，经过较长时间的熏陶，渐渐地达到陶情冶性的目的。其三，指向性。陶冶教育法就是通过环境熏陶来达到网络素养教育的目的，指向性是十分清楚的，为了达到这个目的，我们就必须控制环境，使环境为我所用，而不能让环境起相反的作用。其四，复杂性。环境本身是复杂的，陶冶教育法也不易掌握，尤其教育工作者本身对环境还缺乏控制能力，有很多环境不是教师所能左右的，这种复杂的环境，使陶冶教育法变得复杂化，正因为这点，环境可能变成教育的最大阻力，有时一年的教育甚至都抵制不了一分钟的不良环境的影响。

2. 陶冶教育法的方式

陶冶教育法的方式是多种多样的，一般常用的主要方式有三种：一是人格感化；二是环境陶冶；三是艺术熏陶。

（1）人格感化

人格感化是教育者注重人格的感化，以自己的行为去感化大学生，使他们近朱者赤，在潜移默化中接受熏陶的方式。教育者的人格是一切教育工作的基础，其对受教育者人格的形成有着重要的影响。网络自律意识教育的对象是有个性、有情感、有自身价值观念的大学生个体。教师的一言一行直接影响着大学生的习惯和品质。你要想你的学生成为什么样的人，你首先得是什么样的人。"其身正，不令而行，其身不正，虽令不从"，身教重于言教，教育工作者要以身作则。教师的理想人格要像丝丝春雨"随风潜入夜，润物细无声"，潜移默化地影响学生的人格。教师自身在网络生活中必须模范遵守网络道德，养成网络自律意识，提高自身的网络素养，从而给大学生一个好的模范带头作用，让大学生在潜移默化中受到感染。

（2）环境陶冶

环境陶冶是利用美化的校园环境、优良的校风和班风、美化的家庭环境和良好的家风等，或者是教师在教学中积极创设的教育情境，对大学生进行潜移默化地影响，以达到陶冶性情、培养品德、净化灵魂的目的。

（3）艺术熏陶

艺术熏陶是借助音乐、美术、文学、戏剧、电影、电视等艺术手段对大学生进行教育，使其在艺术作品欣赏中提高网络素养的方式。

3. 陶冶教育法的要求

教师在运用陶冶教育法开展网络素养教育时，必须注意以下几点。

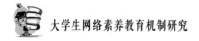

（1）教师要提高自身的陶冶教育价值

教师和大学生朝夕相处，其品德与情感自然就成为对大学生进行陶冶的情境和内容。在这里，教师不是通过说理和要求教育大学生，而是以自己的高尚情操和人格、对大学生的深切期望和真诚的爱来触动和感化他们的。实践经验表明，教师的威望越高，对学生的关怀和爱越真挚，他对学生的人格感召力就越大。为了能收到这样的教育效果，不辱社会和学校赋予自己的神圣使命，做好教育工作，教师就必须加强自己的思想品德修养，恪守教师职业道德，处处以身作则，使大学生在教师经常性的身教中受到熏陶和教育。

（2）注意发挥环境陶冶的作用，尤其是要创设良好的班级环境

教师和大学生最常处的环境莫过于班级，班级的物质环境和人文环境对大学生的影响陶冶作用相对而言更直接、更全面，而班级良好环境的创设能更好地体现教师的教育意图和想法，有利于实现教师工作的目标，同时也有利于班集体教育作用的发挥。美观、朴实、整洁的教室乃至校园环境，团结、紧张、严肃、活泼、尊师爱生、民主而有纪律的班风、校风，会使置身于其中的学生深受熏陶和感染，促进其身心的全面健康发展。

（3）注意发挥艺术陶冶的教育作用，提高陶冶教育的效果

有效地发挥艺术作品的陶冶作用，不能只让它们自发地影响大学生，教师应配合以启发、说明，给予大学生必要的赏识知识，引导大学生注意艺术作品中寓意深刻、积极向上的思想内涵，并自觉地吸收这些有益的影响，丰富自己的精神生活，提高自己的思想境界，进而养成良好的道德情操。

（4）综合运用，注重实际效果

学校、家庭、社会三种环境有着较大的差别，教育工作者在使用陶冶教育法时应注意三者的结合，绝不能把学校环境与家庭、社会环境分割开来形成一个"独立王国"，这种教育注定是要失败的，因为这样的教育缺乏抵抗不良影响的能力，正确的方法应该是学校、家庭、社会三种环境相衔接，在对比中培养能力。

（四）榜样示范法

1. 榜样示范法的内涵

榜样示范法是以他人在网络世界中的优良品德和模范言行影响大学生的思想、情感和行为的一种方法。榜样示范法的特点是通过了解和学习榜样在网络世界中的优良品行和先进事迹，把抽象的思想准则、道德规范具体化、人格化，使大学生从这些富有形象性、感染性和可信性的榜样人物的事迹中受到深刻的教育，从而增强网络自律意识教育工作的吸引力和有效性。

2. 榜样示范法的榜样类型

大学生在网络生活中学习的榜样有很多，对他们影响较大的主要有以下几种。

（1）网络世界中的正面偶像

网络游戏世界中的正面偶像、网络生活中符合伦理道德规范的"网络红人"（简称"网红"），他们情操高尚，形象、思想和事迹典型性强，是大学生心目中敬仰、热爱的榜样。

（2）家长和教师在网络生活中的表现

家长和教师对大学生的影响最直接。家长是大学生最先模仿的对象，加之与大学生长期生活在一起，其在网络生活中的言谈举止对大学生来说无疑具有潜移默化的作用。教师是学生的师表，他们与学生学习、活动在一起，其网络世界中的思想言行对大学生具有示范、身教的作用。

（3）优秀同学或同龄人在网络生活中的表现

如优秀学生干部、优秀集体等，这些榜样与大学生生活在一起，年龄相近、经历相似、环境影响也差不多，他们在网络生活中所表现出来的好思想、好行为是大学生比较熟悉的，容易为大家所理解和信服，也易于他们效仿和学习。

3. 榜样示范法的要求

在网络素养教育中，运用榜样示范法必须注意以下几点。

（1）要按照广泛性和层次性的原则去树立榜样

在选择对大学生进行网络素养教育的示范榜样时，必须注重榜样的广泛性，要结合社会生活的方方面面来选择，既要有网络技术方面的榜样，也要有网络经营方面的榜样，还要有网络道德方面的榜样，更要有通过网络促进学习成长的榜样。同时，榜样必须具有层次性，必须有不同层次的榜样可供学习选择。

（2）要正确对待榜样

宣传榜样时，要讲求实事求是，不能为了宣传的需要故意夸大、神化榜样的优秀事迹。在教育大学生学习榜样时，要引导大学生结合自身实际，创造性地学习榜样，并落实到自己的具体行动中去，而不是照搬照抄，单纯模仿。

（3）要加强教育者自身修养，率先垂范

教育者在教育大学生学习榜样时，要用自身的模范行为去影响和带动大学生，要求大学生做到的自己要先做到，要求大学生不能做的自己坚决不做，以自己的人格力量去影响大学生。

（五）自我教育法

1. 自我教育法的内涵

自我教育法是指大学生在教师的指导下，在自我认识的基础上，就自我的网络道德和网络行为自觉进行思想转化和行为控制的方法。自我教育法的特点在于能充分发挥学生的主体作用，激发学生高度的自觉性。通过激发学生的自我意识，培养和发展学生的自我教育能力，使他们从他律逐步过渡到自律，从而实现"教是为了不教"的教育目的。

2. 自我教育法的方式

自我教育法的方式可分为两类，即集体自我教育和个体自我教育。集体自我教育的形式有集体讨论、参观调查、民主生活会、向先进典型学习、开展竞赛等。个体自我教育的形式有读书、写日记、自我总结、自我鉴定、自我批评等。这些具体形式之间是相互联系、相互补充的，教师要灵活加以引导。

3. 自我教育法的要求

在网络素养教育中，教师在运用自我教育法，指导大学生开展自我教育时要注意以下几点。

（1）在教师主导下充分发挥大学生的主体作用

一方面，教师要充分相信，随着大学生已经是成年人，其已经具备一定的知识和能力，完全可以独立自主地完成许多事情。因此，教师应该充分发挥大学生的主体作用，积极支持大学生自主完成自我教育。另一方面，毕竟大学生涉世不深，还不太成熟，尤其是在虚拟的网络世界中，由于网络的隐匿性，使得大学生的思想、情感、意志和行为都因认为无须负责而更加易变，对此，教师必须发挥自身的主导作用，正确引导和督促大学生的网络生活。

（2）教师要帮助大学生完整规划网络素养自我教育，并严格监督实施

尽管大学生有自我教育的愿望和能力，但是由于其知识水平和社会阅历的限制，其自我教育仍有可能考虑不周。为此，教师要启发大学生的思维，帮助大学生完整规划网络素养的自我教育，制订详细、具体、周密、可行的自我教育计划，使学生明确自我教育的主攻方向。大学生一旦制订出自我教育计划，教师就要督促学生真实履行，以达到教育目的。

（六）品德评价法

1. 品德评价法的内涵

品德评价法是指教师对大学生在网络生活中的品德进行分析评定，提出肯定或否定的结论，从而形成良好的网络品德，养成和提高网络素养的一种教育方法。通过网络素养教育的品德评价法，对大学生的网络生活给予肯定性评价或否定性评价，从而使大学生明白自己的优点，看到自己的缺点，明辨是非，知荣明辱，从而明确发展的方向和仍需努力的地方，发扬优势，克服劣势，发奋向上。

2. 品德评价法的类型

网络素养教育的品德评价法主要包括奖励与惩罚、评比、品行鉴定等方式。

（1）奖励与惩罚

奖励是对大学生网络生活中的优良品德进行肯定性评价。这是一种"正强化"，用以巩固和发展已有的优良思想品德行为。奖励分为赞许、表扬、奖赏等。其中表扬包括口头表扬和书面表扬，奖赏的形式有颁发奖状或纪念章、授予奖品和授予荣誉称号等。奖励的特点是，可以使学生明确认识和肯定自己品德中的优点和长处，并在情感上产生愉快的情绪体验，引起

和增强他们巩固和发展这些优良品德的愿望和信心。惩罚是对大学生网络生活中的不良品德进行的否定性评价。这是一种"负强化",用以克服和纠正不良的思想品德行为。惩罚分批评、处分两类。其中批评的方式有口头批评和书面批评,处分有警告、记过、留校察看、开除学籍等。惩罚的特点是,可使学生明确认识自己品德中的缺点和错误,并在情感上引起内疚和痛苦的羞愧感,促使其克服和改正不良品德。奖励和惩罚可以用于个人,也可以用于集体。

（2）评比

评比是对大学生的网络行为及其表现出来的网络道德进行比较评价,以奖励优秀,激励后进。可在大学生个体之间进行比较,也可进行集体之间的比较。评比要适合大学生积极追求进步的特点,通过评比形成人人努力、你追我赶、共同进步的良好氛围。

（3）品行鉴定

是对一定时期内大学生网络生活中的品德和行为进行比较全面的评价。品行鉴定应以大学生培养目标为指导思想,以《大学生守则》《全国人民代表大会常务委员会关于维护互联网安全的决定》等为基本内容,对大学生平时在网络生活中的实际表现进行全面考查。

3. 品德评定法的要求

运用奖励和惩罚时要注意:①奖惩的目的要明确。无论奖励还是惩罚都只是教育的手段,而不是教育的目的,恰恰相反,教育目的是奖惩的依据。因此教师必须围绕明确的教育目的来施行奖惩,不能滥用。奖,要使受奖者乘胜前进,而不是趾高气扬;罚,要促进受罚者认真反思,而不是垂头丧气,尤其是给予大学生批评、惩罚时,必须同步给予其足够的关爱和帮助,鼓励其努力改正。②奖、惩要实事求是,公正合理。奖、惩的标准要统一,不能因人而异,要一视同仁,以保证奖、惩的客观性、公正性,令学生信服。同时也要兼顾学生的年龄特点和个性差异,对低年级和高年级的要求应不同,对先进的和后进的学生要具体问题具体分析。③奖、惩要及时,要注意得到集体舆论的支持。奖、惩应及时、适时,把握好教育时机,防止时过境迁。奖、惩还必须注意得到广大同学的支持,被奖励的品德应是得到大多数大学生公认的,被惩罚的不良品德应是遭到集体舆论谴责的,这样奖、惩才更富有教育意义。④以奖励为主，慎用、少用惩罚。品德评价有肯定性评价和否定性评价，在教育过程中应以肯定性评价，即表扬和奖励为主；慎用或少用否定性评价，即批评和惩罚。这样有利于调动和激发大学生积极向上的内在动力，便于形成大学生思想品德发展的良性循环。从奖励和惩罚的层次上看，应常用表扬、批评，不可轻易使用奖赏、处分。表扬要适当，讲究表扬的技巧。批评要严肃诚恳，讲究批评的艺术，防止使用非教育性语言。相对而言，考虑到大学生自尊心、上进心强的特点，应该多表扬、少批评，先表扬、后批评，这样教育的效果会更好。奖赏实际是树立榜样，要注意扶植和宣传，发挥其正面教育影响作用。处分必须慎用，处分过多或过分，往往会使处分者无动于衷，削弱教育效果。而对于受处分的同学不能歧视、孤立，要热情关怀，使其悔过自新。

运用评比时，应注意发扬民主，走群众路线，广泛调动学生的参与积极性，注意定期检查和总结，及时宣传，大力表彰好人好事，以达到鼓励本人和教育他人的目的。

进行品行鉴定时，首先要教育目的明确，围绕具体目的有针对性地开展品行鉴定。其次要辩证看待学生，不仅看到大学生的缺点，更要看到大学生的优点；要用发展的眼光看待大学生，不仅要看到大学生已经存在的问题，更要看到大学生未来良好的发展趋势。再次要坚持定性和定量相结合的原则，定性要慎重，定量要正确。最后要坚持民主评定，充分激发大学生的民主意识、发挥大学生的民主权利。

第六章 加强大学生网络素养教育
机制建设的对策思考

全面提升当代大学生的网络素养是贯彻落实"网络强国"战略的应势之举，也是我国实行素质教育的应有之义。针对当前大学生网络素养不高的现状，必须根据所要解决的问题及其影响因素，对症下药以寻找对策，优化教育环境、强化实践活动、加强教育机制建设等，有效地优化其教育体系。大学生网络素养教育涉及传播学、社会学、教育学等多门学科，为提高所提对策的针对性和实用性，笔者将从思想政治教育的视角下阐述如何更好地顺应自媒体时代瞬息万变的环境，优化大学生网络素养教育的路径，将发挥大学生的主观能动性与调动各方社会力量相结合，以提高大学生群体的网络综合素养，增强大学生的网络生存能力以利于他们顺利、健康地实现"社会化"，进而在一定程度上净化网络生态，努力打造一个风清气正的网络空间。

一、优化网络素养教育环境

大学生网络素养教育离不开优良的教育环境。环境的好坏直接关系到大学生网络素养教育的成败。充分发挥环境对大学生润物细无声式的教育作用，要求将大学生网络素养教育与优化环境结合起来。对于大学生而言，同辈群体对大学生的网络行为有着重要的影响，网络文化的特点也有着非同一般的意义，高校、社会、家庭都是大学生网络素养教育不可缺少的教育主体，因此，本部分着重从发挥同辈群体的积极作用，加强网络文化的建设和管理，充分发挥高校的主体作用，有效发挥政府的引导作用，以及切实发挥媒体的辅助作用这五个方面来探讨如何优化网络素养教育的环境。

（一）发挥同辈群体的积极作用

同辈群体是指在一定的历史条件下，那些具有相似年龄和成长经历的社会群体。每个人都有自己独特的个性心理和特征，而这些个性特征大多都是在特定的圈子内形成和发展起来的。同辈群体往往是生活圈子里面个人接触和交往最多的对象，因而同辈群体也是影响个人成长的要素之一。环境塑造人，人改造和适应环境。这种相互影响、相互促进的进程从人类社会诞生以来就没有间断过。在个人生存与发展的空间中，个人总会产生与自己的群体相互交往的需要，因而人总是很自然地投入到群体活动中。

与学校和家庭相比，伙伴群体影响力的相对强度在逐渐上升。对大学生网络生活中的同辈群体，既要充分认识到其在大学生网络生活中存在的客观性和必然性，又要高度重视并遵循大学生网络生活同辈群体形成与发挥作用的规律，及时准确地把握大学生网络生活中各种同辈群体的类型和性质，从而充分引导、发挥同辈群体对大学生网络素养培养的积极作用。

一是，要高度重视同辈群体对大学生网络素养形成的影响，关注、引导大学生网络生活中同辈群体的交往。

家长、高校要帮助大学生树立正确的网络交友意识，鼓励支持大学生在网络生活中积极主动地加入同辈群体，并积极培养大学生在网络生活中的人际交往技能，使之与同辈群体健康交流。教育大学生学会辩证分析和评价网络生活中的同辈群体，促使大学生以能否从网络生活同辈群体的交往中得到进步与成长作为判断其是否加入某一群体的唯一标准，促进大学生以知心知己、志同道合作为网络交友的原则，从而在与网络生活同辈群体的共同学习、共同努力中获得知识和帮助，避免掉入那些所谓"江湖义气"的不良群体的陷阱。

二是，用社会正确的价值观引导和影响同辈群体的价值观，奠定大学生的网络素养的正确思想基础。

引导和影响大学生同辈群体，关键是引导和影响同辈群体的价值观和行为规范。价值观和行为规范是同辈群体的灵魂，是同辈群体评价事物的尺度和采取行动的准绳。同辈群体内无论在讨论和评价什么事物，也无论采取何种行动,其背后都有一种东西在起决定作用,这就是价值观和行为规范。同辈群体的一切活动、行为和表现,都可以从其内部的价值观和行为规范上找到根源,因此,引导和影响同辈群体,最根本的是用社会正确的价值观和行为规范去引导和影响同辈群体,使其与社会价值观和行为规范相统一。

三是,正视和尊重大学生的同辈群体,与之建立良好关系,进而促进大学生素养的形成。

对大学生进行网络素养教育首先要正视和尊重大学生的同辈群体的存在,大学生广泛地参与各种同辈群体是他们出于情感、兴趣等自发的需要,每个人都会从属于一个或几个群体,尽管这些群体的人数、成因、影响力各不相同,但存在是实实在在的。不能简单地认为他们是"小团体"而加以否定,或是放任自流不加注意,在尊重的基础上还要主动去了解这些群体,掌握他们的群体目标、成员构成、活动规律等信息。有机会的话要经常和群体成员沟通,了解他们的最新想法,只有深入了解,才能有针对性地开展工作。如何才能得到同辈群体的真实信息?除了细致的观察,很重要的是教育者与大学生同辈群体应相互信任,使大学生面对自己时有安全感,当自己是朋友而不是异己力量。然后通过真诚的交流来获得有用的信息。如果条件允许,教师或家长还可以给大学生的同辈群体活动提供一些帮助,比如,出点子或者是联系一下活动场所、给予交通工具上的便利和经济上的支持等,对于个别的问题较多的大学生同辈群体,更有必要充分发现和利用自己与他们的相似之处,参与他们的活动,以便取得他们的信任,产生"同体效应"。这样做的目的是向大学生传递一个信号:那就是"我们不反对你们群体的存在,而且希望你们在一起能愉快"。肯定同辈群体的存在也就是肯定大学生有自己选择伙伴的权利,这是他们需要理解和尊重的,这种对大学生的尊重也是大学生网络素养教育的基石。

四是,区别对待承载不同性质、类型的网络同辈群体,并通过引导各类网络同辈群体健康发展,尽量避免其对大学生网络素养的培养产生消极作用。

大学生网络生活中的同辈群体是多种多样的,对此,我们要正确区分、分别对待、积极引导。对于那些承载着社会主流文化、符合社会主导意识形态的积极型网络同辈群体应积极扶持，创造条件发挥其对大学生网络素养教育的积极作用，并鼓励大学生积极参与其网络活动，从而促进大学生养成正确的网络自律意识；对于中间型网络同辈群体，要去浊扬清，加强对其引导，强化其积极性的内部因素，对于其消极因素要加强防范，控制、消除在萌芽状态，促使其不断向积极型网络同辈群体转化。而对于那些与主流意识形态相冲突、相违背甚至反社会的破坏型网络同辈群体，必须未雨绸缪，在用法律手段加以惩治的同时，加强对其教育、引导，帮助其改造，使之培养亲社会行为，从而消除对大学生网络素养教育的消极影响。也不能因为有的同辈群体曾产生过消极作用，就不加分析地将其一概视为小集团、小圈子、小宗派而施以棍棒。应该具体问题具体分析，以积极的态度加以引导和指导，使其在大学生网络道德素养教育活动中，避免消极作用，发挥积极作用。

五是，引导组建积极向上的网络群团组织来满足大学生的合理诉求，避免不良网络同辈群体对大学生网络素养形成的消极影响。

大学生正处在成长的快速时期，有着各种各样的需求，而这些需求往往还不可能在一些正式群体中获得满足，因而他们就会退而求其次，通过另外的渠道尤其同辈群体来获得满足。比如，当前大学生普遍都是独生子女，而孤独、无聊则是独生子女现实生活中最大的烦恼，从马斯洛需求层次理论分析，其生理的需求、安全的需求无须自己考虑，故而其情感与归属的需要、尊重的需要尤为强烈，交友意愿明显，渴望同学理解自己，但又不愿主动与同学交往，在这样的矛盾心理状态下，很多学生走向网络，在网络世界中向同龄人寻求情感支持；由于各种条件的限制或制度的规定，一些大学生在学校的现实生活中无法寻找到符合其兴趣、发挥其特长的群体或群团组织，因而在网络世界中自行结成各种团体以获得发展；网络的虚拟性又使大学生的身份、行为等得到充分的隐匿和篡改，不须要承担任何责任和义务，故而大学生更愿意在网络生活中参与同辈群体的活动。因此，学校需要引导组建各种积极型的网络同辈群体组织来满足大学生的合理诉求，使大学生虚拟的网络结伴活动处于学校现实的可控制范围之内，从而消除不良网络同辈群体对大学生网络素养形成的消极影响。

六是，加强对网络同辈群体"领袖"人物的重点教育，以此带动对整个群体的积极发展。

同辈群体中一般都有核心人物或骨干成员，他们在成员中有一定的威信。对于群体事务的决策有较大的发言权，能对其他成员施加较强的影响力。正是由于核心成员有着特殊的作用，所以对当代大学生的网络素养教育工作要以核心成员为突破口和工作重点，起到"牵一发而动全身"的效果。能成为群体内的核心人物，他们一般都有一项特长或者有较强的组织协调能力，抑或有较丰富的资源，教育工作者要善于发现他们的长处，给他们施展的舞台。每个人都有"自我实现"的需求，群体核心成员这方面的意识更为强烈。一方面给他们创造"实现"的条件，另一方面引导他们开展健康有益的活动。这样"双管齐下"，才能取得比较好的效果。同辈群体的核心成员也可以培养为正式组织的骨干，两者并不矛盾。发掘一些优秀的同辈群体中的核心人物担任班级和学生组织的职务，可以将他们的视野从群体内部引到更大的团队上，使之更好地理解学校、老师在网络素养教育工作上的意图和目标，成为网络素养教育工作中的骨干分子。另外，教育工作者在对那些有消极倾向的群体做转化工作的时候更要牢牢抓住核心人物，耐心细致地进行说服和教育，不要武断地采取"杀一儆百"的措施，否则会事倍功半，甚至可能引起群体成员的反抗。相反，核心人物自我转化所起的参照和领导作用，会带动群体成员形成正确的价值观和行为方式，摒弃不良习气，实现消极型群体向积极型群体的转变。

网络同辈群体是大学生在网络生活中为了满足某些共同需要自发走到一起所形成的非正式群体。虽然这些同辈群体没有明确的组织结构和正式的领导，但是其肯定有群体成员所公认的"领袖"人物作为群体的核心，其往往是在人品、技术、知识、交往等方面有着服众的表现，起着维系群体的相对稳定和提供行为模式等作用，网络同辈群体的"领袖"人物的言行对整个群体的发展发挥着至关重要的作用，对群体成员态度和行为的影响具有自然性。因此，对网络同辈群体的"领袖"人物的影响给予高度重视，应给予重点关注、重点教育，谋求与其合作，使之成为学校和班集体的好帮手。尤其是当同辈群体出现紧密化、危险化发展倾向时，教师更应该积极谋求与同辈群体"领袖"人物的有效沟通，并在理性和合作的基础上解决危机，防止同辈群体向消极型群体转变。

七是，重构大学生中问题十分严重的同辈群体。

在当代大学生中，确有极个别同辈群体思想混乱、过失严重、腐蚀性大，这就必然使其成员的思想受到影响，正常的心理需要得不到满足，严重影响着身心健康发展。而且只要保留原同辈群体环境，就无法使其转变。对这类同辈群体环境，必须采用周密的办法予以解散，使其无法恢复组织和活动。解散原同辈群体的最好办法是有目的地建设好其他同辈群体，以便将被解散同辈群体的成员吸引过去，不再恢复原组织。如果无法将问题严重的同辈群体环境解散，那也应采取有力的措施控制它和转化它。对于其中的核心人物，则应该采取坚决稳妥的措施使其脱离原同辈群体，这样有利于引导其率领的成员加入新的良好的同辈群体。

（二）加强网络文化的建设和管理

网络文化是大学生思想政治教育的重要环境载体，又是大学生网络自律意识形成和提高的文化土壤。网络文化在培养大学生网络自律意识方面有着独特的功能：网络文化有利于促进大学生思想观念的更新，其形象性和趣味性有利于大学生接受。加强大学生网络素养教育，应该积极发展、深入传播先进网络文化，切实把互联网建设好、利用好、管理好，充分发挥网络文化对大学生素养教育的积极作用。

1. 加强网络文化特征教育，提高网络文化认知

只有从本质特征上认识网络文化，才能不在网络文化的海洋中迷失方向。相关研究表明，网络文化具有技术性、文化精神性和主体性三种本质性特征。[①] 因此，加强网络文化特征教育，就是要进行网络文化技术性、网络文化精神性和主体性的教育。一是加强网络文化技术性的教育。网络文化首先是一种技术文化，是信息技术和网络技术进一步催生出的文化。要引导大学生认识网络文化的技术性，加强网络文化虚拟性、交互性、共享性和时效性的教育。二是要加强网络文化思想性的教育。文化的精神属性体现了文化的价值取向和追求，标志着文化赖以生存发展的本质特征。要引导大学生认识网络文化的精神属性，加强网络文化的开放性、平等性、多元性、自由性等特征教育。三是要加强网络文化的主体性的教育。文化

① 万峰. 网络文化的内涵和特征分析 [J]. 教育学术月刊, 2010（004）: 62-65.

的主体是参与其中的人，网络文化也不例外。要引导大学生认识网络文化的主体特征，加强网络文化的个性化、大众化、平民化和集群化等特征教育。

2. 大力发展网络文化技术，拓展网络文化空间

为了拓展网络文化的发展空间，给大学生提供更为宽广的网络世界，必须大力发展网络文化技术。要加强数字技术、数字内容等网络技术的研发和应用，形成一批具有完全自主知识产权的网络文化技术，占领网络技术市场。要加强网络防护技术的研发和应用，通过"防火墙""电脑密码"等重点技术形成政治、经济、文化等领域的过滤网站，抵御破坏性信息侵袭。要积极推进中文域名服务器建设，开发大学生喜欢的网络素养教育软件，占领大学生网络文化市场。要强力推进互联网接入技术研发和应用，降低大学生上网费用，使大学生在享受快速低廉的网络冲浪中接受网络素养教育。

3. 积极发展网络文化产业，占领网络文化阵地

加强大学生网络素养教育，必须以先进网络文化产业为保障，不断提供网络文化的优秀产品和优质服务，以先进文化占领网络文化阵地。要培育网络企业，依托市场打造专业化的网络文化产业，大力培育网络文化支柱企业，形成规模效应；要创新网络文化产品，加大网络文化的产品创新力度，努力形成一批原创性强的具有自主知识产权的网络文化产品；要打造网络文化品牌，以中国化的马克思主义为指导，汲取中国优秀传统文化的精华，采用大学生喜闻乐见的表现形式和服务方式，努力培育具有中国特性、中国气派、中国作风的适合当代大学生实际的网络文化品牌；要加强网络文化发展规划，制定符合中国国情的网络文化发展规划，强化对网络文化产业企业发展的指导；要构建网络文化产品和文化生产要素交易平台，加强产业交流与合作，降低市场交易成本，从而使大学生能接触到质优价廉的网络文化产品。

4. 着力建设网络文化队伍，培育网络文化人才

加强大学生网络文化阵地建设，必须有一支优秀的网络文化队伍作为支撑，比如网络文化的产品设计研发人员、产业经营管理人员、市场环境监管人员，等等。一是培育网络文化产品创作人才。大力培育网络文化产业创作人才，制作适合互联网和手机等新兴媒体传播的受到大学生欢迎的

网络文化产品，以网络为载体展示传播优秀传统文化和当代文化精品，并以此带动和鼓励大学生积极参与优秀网络文化作品的创作。二是培育网络文化产业经营管理人才。充分利用国家支持重点新闻网站加快发展的有利政策，大力培养具有法治意识、现代企业意识的懂经营、会管理的网络文化产业经营管理人才，打造为大学生喜爱的综合型网站和特色网站，从而推动网络文化产业的大发展、大繁荣。三是培育网络技术高端人才。为适应网络新技术的迅猛发展，必须培养出更多符合大学生实际需求的高端网络技术人才，研发和掌握先进的网络发展科技，以先进的技术支撑和发展网络新技术、新业态，占领网络信息传播的制高点。四是培育健康网络环境监督管理人才。大力提高网络运营的监督和管理人才的技术水平、判断能力、文化底蕴和政治素养，实施有效地外部监督和管理，广泛开展文明网站创建，推动文明办网、文明上网，督促网络运营服务企业认真遵守法律法规和企业伦理，切实履行企业社会责任，使有害信息无处传播。

　　5. 强化网络文化管理，规范网络文化发展

　　网络文化的快速发展给加强网络文化管理提出了诸多新课题。能否积极利用网络，关系到大学生的成长成才；能否有效管理互联网，关系到网络的健康发展。加强网络文化管理，就是要充分适应现代科技的发展尤其是信息技术的突飞猛进，积极引导网络文化发展，规范网络文化市场，加强网络文化监督。一要实现网络文化管理的法治化。按照依法治国的理念依法治网。要加快网络立法，提高网络法律质量，实现网络文化管理有法可依；要严格按照法律加强对网络违法行为的打击力度，实现网络文化管理违法必究、执法必严。二要实现网络文化管理的技术化。网络文化本身是科技发展的产物，对其管理也必须依靠科技发展来实施。要积极研发和应用分级过滤技术、病毒防范技术等，加强网络文化管理的技术手段。三要实现网络文化管理的思想政治教育化。网络文化管理的最终目的是要强化社会主义核心价值体系对网络文化的引领作用，占领网络文化阵地。为此，广大网络文化企业、网络文化参与者必须以社会主义核心价值体系为灵魂，牢牢把握网络文化的发展方向。必须引导网络文化自觉以社会主义核心价值体系为指导，传播科学理论、宣传先进典范、传递美好思想、守护道德良知，使社会主义核心价值体系这一网络文化之"魂"在大学生中广为传播、深入人心。

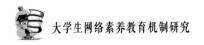

（三）充分发挥高校的主体作用

高等教育的发展水平是反映一个国家当前发展水平和未来发展潜力的重要指标，高校是我国人才培养和输出的主阵地，育人是高校的核心使命。能否直面网络挑战、创新工作思路，能否在人才培养工作中科学融入网络素养教育事关高校人才培养工作的效果与质量、事关高等教育的成败与未来。因此，加强当代大学生的网络素养教育应当充分发挥高校的主体作用，逐步将网络素养教育的课程纳入高校教学计划之中，并且充分利用课堂、讲座、考试等多种教学渠道；突破思想政治教育的传统方法、内容和平台，更新教育观念，打造一支具备较高理论素养和实践经验的网络素养教育的教师队伍；发挥党、团、学组织的区别优势，通过线上、线下的学生活动寓教于乐，注重网络实践引导；掌握大学生的实际需求，注重网络平台建设，提升网络宣传内容的质量，构建多元化的沟通渠道等。

1. 纳入教学计划，利用多种教学渠道

相较于国外的媒介素养教育，我国高校目前的网络素养教育处于起步阶段，还未得到全面的普及，鲜有高校将网络素养教育作为一门独立的课程面向大学生开设，只有个别高校开设了稍有涉及"网络素养"的相关课程。因此，加强高校网络素养教育当前最迫切的应当是建立系统的课程体系将其纳入高校的教学计划中。遵循大学生的身心特点和认知规律、遵循思想政治工作规律、遵循教书育人的规律，开发、编写出以网络知识与技能教育、网络信息甄别教育为基础，以网络道德素养教育、网络法律与安全素养教育为核心的适用于当代大学生的教材和相关读本，为他们正确认识和合理利用网络提供正确的方法，也有利于教育者顺利地展开教育实践活动。在明确教育内容的基础之上，高校还需要充分利用课堂、讲座、考试等多种教学渠道把课程内容向大学生进行讲授，从而不断提升网络素养教育效果。

（1）开设专门的网络素养教育公共选修课

高校需要结合自身学校特点开设公共选修课供全校学生自主选择，也可以以网络公开课、慕课的形式通过互联网向广大大学生和所有对网络社会的技术、问题现象和趋势感兴趣的网民讲授如何提高适应网络世界的信息甄别能力、分析能力，正确看待网络舆论，全面提升网络素养的相关课程。例如，2016年3月起，以张志安教授为首的中山大学团队录制《网络素养》

（后更名为《新媒体素养》）课程于中国大学 MOOC（由网易与高教社"爱课程网"合作推出的大型开放式在线课程学习平台）上面向网民公开授课，以供身处网络社会中的大学生作为人文通识教育课选修，课程将多元化的观点与宽阔的视野相结合，引入鲜活的案例并探讨新媒介环境下网络如何建构世界，以及这种建构对媒介内容、公共舆论、政府决策、公众心理的影响，在此基础上再讨论公民如何使用网络进行有效沟通、公共表达、社会参与等，帮助人们获取基本的网络素养，以便他们在网络空间中以更加理性、成熟的面貌存在。

（2）举办网络素养教育的相关讲座

由高校思想政治教育教师为主导，以单次或数次讲座的形式定期向所有专业学生开设培训课程，务必讲清网络相关的道德问题和法律规范，网络信息的正确解读和甄别等问题；由传播学教师开设公开讲座，主要讲授网络传播的基本特点、运作方式等基础理论；或由高校邀请专业人员讲解如何防范网络诈骗、保护个人信息安全等方面的知识讲座，以提高大学生的网络法律与安全素养。例如，2016 年 9 月 19 至 25 日，为响应第三届国网络安全宣传周的号召，落实"网络安全为人民、网络安全靠人民"的主题，全国各高校纷纷邀请当地网警举办专题讲座进行网络安全素养宣传，普及基本的网络安全知识，以提高大学生网络安全防护技能和识别能力，以及应对网络危险的能力。

（3）融入思想政治教育课堂

个别大学生在访谈中表示，他们认为开设网络素养教育类课程"没有必要"，主要原因在于专门的教育课程会增加自己的学习负担。因此，把网络素养教育融入思想政治教育的课堂之中更具现实可能性和实际操作性。"思想道德修养与法律基础"课是当前我国在校大学生的必修课之一，其配套教材中有多处教学内容适合教育者对其进行深入挖掘，并将网络素养教育渗透其中。通过在思想政治教学过程中讲解和讨论网络沟通技巧、网络信息甄别、网络道德伦理等内容，把加强网络道德素养教育和网络法律与安全素养教育作为重点内容传授，以社会热点或道德事件为切入点澄清网络道德原则和价值体系，贴近大学生生活实际和网络实践，宣传网络法律法规和网络安全基本知识，讲解科学的网络认知方法。这样不仅能够提升大学生对网络信息的分析能力、逻辑判断能力，提高大学生的自我约束力和社会责任感，还能够培养他们灵活掌握和运用辩证唯物主义和历史唯物主义的基本立场、观点和方法来认识、剖析网络社会问题的能力。另外，培养大学生在网络实践活动中，坚定正确的政治方向和政治立场，认同社会主义社会所倡导的道德价值，主动将其内化为自身的道德认知，再外化为道德行为，自觉维护网络舆论环境，争做有责任、有担当、有涵养的优秀网民。

（4）纳入计算机教育课程的教学和考试

网络素养教育的内容适当纳入高校计算机基础教育课程的教学和考试之中，不仅可以进一步建立立体、完整的高校网络素养教育体系，还可以丰富计算机课程的教学内容，使其更具时效性。

2. 更新教育观念，增强教师网络素养

大学生网络素养存在的问题，虽然在现象上表现为一种具体的能力和素质不足，但在深层次上仍然与大学生思想政治教育密切相关。我国目前没有专门的网络素养教育的师资队伍，因而需要广大的高校思想政治教育者主动承担起艰巨的教育任务。"要培养一支既具有较高的政治理论水平、熟悉思想政治工作规律，又能较有效地掌握网络技术、熟悉网络文化特点，能够在网络上进行思想政治教育工作的队伍，包括专职工作人员队伍、党团员和师生骨干队伍，是做好思想政治教育进网络工作的重要的组织保证"[1]，也是大学生网络素养教育能否顺利实施的人才保障。

首先，更新教育观念，适应网络"新"角色。大学生的社会实践活动不再局限于现实世界中，这也要求教育者更新教育观念，逐渐适应网络社会的新特性，积极学习并熟练运用微博、微信等自媒体社交应用，深入其中了解当代大学生在思想观念和思维方式上所产生的新变化、新动态，与大学生一起站在普通网民的角度上感知当前网络社会出现的新情况、新问题，及时回应学生在学习生活社会实践乃至影视剧作品、社会舆论热议中所遇到的真实困惑，以广阔的视野、活跃的思想、敏捷的思维和及时应变的能力融入大学生的生活实际与思维实际，从而更有针对性地开展教学来

---

① 教育部关于加强高等学校思想政治教育进网络工作的若干意见 [J]. 教育部政报，2000（11）.

引导大学生的网络言行，满足大学生成长成才的需求和期待。

其次，增强网络综合素养，提高教学手段和方法。一方面，在提升思想政治理论水平和实践能力的同时，教育者还要掌握教育学、心理学、传播学及管理学的相关内容，不断拓展知识面来更加准确地把握大学生的网络认知规律和特点；另一方面，教育者还要熟悉网络知识与技能，积累网络生活经验，锻炼自身敏锐的信息意识，不断掌握最新的网络技术。例如，熟练运用 QQ、微信、微博等网络互动工具，百度、雅虎等搜索引擎，以及迅雷、快车等网络下载工具完成基本的网络信息浏览和下载活动；尽量掌握 Photoshop、Corel DRAW 等图片处理工具，Front-Page、Dreamweaver、Flash 等网页制作工具加强自身建设简易网站、创造高质量网络信息的能力。师资队伍网络技能的提高，不但是开展大学生网络素养教育的客观要求，而且能够为高校思想政治教育的发展迈上新台阶提供技术支持。

3. 发挥组织优势，统筹联动线上线下

"思想政治教育可以有不同的开端，如针对生活经验丰富的受教育者应更多地从'知'开始；针对缺乏生活经历的未成年人教育者应更多地从'行'开始"[①]。加强大学生的网络素养教育，应该注重多样化的网络生活实践引导，"实践是检验真理的唯一标准"。发挥党团组织、社团组织的课堂延伸作用，充分挖掘学生的兴趣和特长，通过开展丰富的现实实践活动和网络实践活动，统筹联动线上线下来引导大学生陶冶情操、坚定信念、磨炼意志，最终将网络道德认知和法律观念外化为正确、理性的网络行为。具体而言，利用展板、校报、校园广播和网络等传播载体宣传网络素养知识；举办辩论比赛，就网络社会中热议不断的道德标准问题、法律空白问题进行讨论以提高大学生关注网络素养的自觉意识；开展网络技能大赛以帮助大学生主动锻炼其制作视频、音乐，设计网页的基本网络生存能力；充分运用官方微博、微信公众号等交流平台开展主题讨论活动，吸引大学生关注现实社会生活和网络社会的公民素养问题，将提高网络素养潜移默化地融入他们的学习生活之中。

---

① 宋元林. 网络思想政治教育 [M]. 北京：人民出版社，2012：197.

4. 注重平台建设，提升宣传内容质量

互联网已经成为不同价值观形成、冲突与融合的平台，是社会舆论激烈斗争的主战场，也是大学生获取信息的第一途径。因此，网络素养教育应当注重网络平台建设，加强高校的网上思想文化阵地建设。

形式上，注重构建网络互动平台体系，促进师生交流，建立一批贴近大学生实际学习生活的学校、学院、班级、社团的官方微博、公众号加强彼此的沟通、联系。并且，建设一支由学生和青年教师骨干组成的网络宣传员队伍，深入网络"第一线"对每一位大学生的网络思想和行为进行正确而又细致的引导，开展网络道德大讨论、网络法律科普等活动提高其网络文明素养，通过平台的互动、宣传来巩固和壮大主流思想舆论对当代大学生的影响力，牢牢掌握网络舆论战场的主动权。

内容上，不断提升平台宣传内容的质量，不仅要加强官微的"红色"信息输出量，建立起先进文化的传播基地，把握当前大学生的思想方向和政治立场，而且要顺应当代大学生的思维模式和语言方式，契合他们的日常习惯和兴趣喜好，对大学生感兴趣的社会热点、舆论话题进行讨论，以漫画、视频等大学生喜闻乐见的表达方式进行隐性的网络素养教育，尽量使平台的宣传内容能够集思想性、知识性和艺术性于一体。

（四）有效发挥政府的引导作用

大学生网络素养教育仅仅依靠高校的一己之力是行不通的，更需要政府部门承担起应尽的职责，有效发挥其引导与协调的作用，增强对网络素养教育的重视，制订立体的大学生网络素养教育培养计划，从而动员各方社会力量行动起来，并且进一步完善网络法律法规，健全网络监控机制，为大学生成长成才共同创造优良的网络社会环境。

1. 加深教育认识，制订立体的工作计划

理念决定行动。大学生网络素养教育是我国高等教育尚需探索的新领域，政府部门首先需要加深对大学生网络素养教育重要性的认识，统一工作思想和观念，全面剖析其存在的问题，制订立体的工作计划，提供政策、资金方面的支持，把网络素养教育纳入相关部门的实际工作之中，加强顶层设计和统筹协调，动员和调动各方积极性主动为网络素养教育承担责任，实现全国网络素养教育"一盘棋"。

第一,以聚焦树立网络安全观为契机,着力提升大学生的网络综合素养。2016年4月,习近平总书记在主持网络安全和信息化工作座谈会上指出:"网络安全为人民,网络安全靠人民,维护网络安全是全社会共同责任,需要政府、企业、社会组织、广大网民共同参与,共筑网络安全防线。"[1]以此为契机,全国上下开始逐渐重视网络空间的治理与建设,大力推进依法治网,帮助广大网民树立正确的网络安全观。在全社会提倡树立正确的网络安全观,提高网络防范意识和防范技能基础之上,更应当关注于全面提升网络综合素养,尤其是青年大学生的网络素养。通过加强大学生网络素养教育,普及网络知识与技术,为我国的网信人才队伍建设提供支撑;培养科学理性的认知方法,正确把握网络信息;传播网络道德规范和法律,端正网络空间思想,规范网络空间行为,维护良好的网上舆论氛围。

第二,政府部门宏观筹划,广泛动员社会组织共同加入网络素养教育的队伍之中。例如,政府成立专门的工作机构负责网络素养教育项目的推广,统筹各级部门完成网络素养教育的社会工作,加强网络道德规范和法律法规的社会宣传,组织大学生参加由政府组织的、形式多样的公开社会活动,与全体公民共同提升网络素养,促进网络认知的外化;政府对社会公益组织予以政策支持,互相合作,举办大学生网络素养免费培训班,联手推进网络素养教育;政府向高校提供资金支持与国外网络素养教育机构合作,学习和借鉴国外的教育经验,并结合我国大学生实际情况将其灵活运用于我国的网络素养教育实践之中。

2. 完善制度法规,健全网络监控机制

网络空间是亿万民众共同的精神家园。"谁都不愿生活在一个充斥着虚假、诈骗、攻击、谩骂、恐怖、色情、暴力的空间"[2]。互联网不是法外之地,网络空间同现实社会一样,网下不能做的事情网上也不能做。政府部门应当完善网络空间的制度法规,健全网络监控机制,为提升大学生网络素养,加强大学生网络素养教育营造一个积极向上、生态良好的网络空间。

我国网络空间的法律体系建设远远落后于互联网技术发展的步伐,网

---

[1] 习近平. 在网络安全和信息化工作座谈会上的讲话 [N]. 人民日报, 2016-04-26(2).

[2] 习近平. 在网络安全和信息化工作座谈会上的讲话 [N]. 人民日报, 2016-04-26(2).

络社会大量存在的法律真空地带不利于大学生网络法律与安全素养的提升。因而,不能让网络空间成为违法犯罪的温床,增强大学生的法律与安全素养,首当其冲应当加强网络立法进程,健全我国网络法律体系,打击网络违法犯罪行为, "要坚持依法治网、依法办网、依法上网,让互联网在法治轨道上健康运行"[①]。坚决制止和打击某些敌对势力利用网络制造、传播政治谣言,恶意攻击我国的革命历史和社会主义制度,鼓吹煽动宗教极端主义,肆意挑拨民族关系制造恐怖事端等危害国家安全的行为;坚决制止和打击某些不法分子利用网络进行诈骗、盗窃等非法牟利活动;坚决制止和打击任何人利用网络断章取义或杜撰虚构不实信息并加以散布,甚至对他人进行人身攻击的行为;完善互联网信息内容管理法规,杜绝网络知识侵权、名誉侵权,保护个人隐私、保护知识产权。大学生也要自觉学法、知法、守法、用法,时刻保证自身的网络言行在我国法律规定的范围之内,积极维护网络社会的自由与秩序。

另外,还应完善依法监管措施,把握网络关口,有效管控网上信息,对网络内容、网络版权、网络运营、网络经营、网络安全等方面多环节进行严格监管,及时过滤虚假、有害、错误、反动信息,尽早实现网络实名制,保护网络空间信息依法有序、自由地流动,也保障人们在网络空间中自由权利的实现。同时,积极发挥人民群众的力量,完善网络举报的各级渠道,号召广大大学生行动起来共同参与网络监督。

(五)切实发挥媒体的辅助作用

加强大学生网络素养教育,高校要承担教书育人的责任,党和政府要承担统筹管理的责任,社会媒体要承担舆论引导的责任,各方必须团结一致、共同努力才能保证教育工作的顺利进行。切实发挥社会媒体的辅助作用,需要网络媒体企业肩负社会责任,优化平台的数据管理和内容宣传,知名媒体官微发挥自身影响力引导、监督舆论走势,传统媒体也应当行动起来,构建全社会的网络素养宣传工程。

1. 企业主动担责,加强平台管理宣传

网络媒体企业直接面向广大网民,身处掌握人民群众需要的第一线和

---

① 习近平. 习近平谈治国理政(第二卷)[M]. 北京:外文出版社,2017:534.

舆论战场的中心。广大网络企业应当坚持经济效益与社会效益并重，既要承担经济责任、法律责任，也要承担社会责任、道德责任，特别是全国重点新闻网站、知名商业门户网站和社交平台企业。新闻网站不能一味地追求点击率而忽视社会现实，社交平台也不能一味地放任自由而成为谣言的扩散器，它们应当通过网站和社交平台加强网上舆论和行为的引导，关注网民的网络素养，直接或间接地开展关于大学生网络素养的宣传，同时保护用户隐私、保障数据安全，维护网民权益。

例如，身为中国服务用户最多的互联网企业之一——腾讯公司，走在了我国各大门户网站企业关注网络素养教育的前列。作为网络安全的积极倡导者和实践者，腾讯公司一直致力于提高网民的网络素养，维护网络空间环境，保障网民自身权益。腾讯在培养网民网络素养、履行企业责任的实践工作方面值得其他互联网企业学习、效仿。只有在自身发展的同时，回报社会、造福人民的企业才是最有竞争力和生命力的企业，以人民网、新华网、中国网为代表的传播力较强的主流媒体网站更应当主动担当起引领网络传播风向、关注网民素养的社会责任。再如，微博上的大学生群体已经进入全天候活跃状态，18~22岁的用户成为微博上最活跃的群体。[①] 新浪微博在大学生中颇受欢迎，已经成为深受大学生喜爱的社交平台。因此，以新浪微博为首的社交平台应当关注大学生的网络素养，利用自身企业的主体优势，向可识别大学生身份的用户进行适当的网络行为引导，例如，充分利用微博热搜榜中的"推荐"功能以及微博内部的广告栏，有目的地引导大学生关注社会现实，学习和践行社会主义核心价值观，提升网络认识与鉴别能力，减少大学生网络活动的娱乐化、低俗化，规范网络言行以符合社会道德要求和法律要求。

2. 动员官方媒体，引导监督舆论走势

为顺应当前自媒体时代的风潮，例如《人民日报》、人民网、新华网等官方媒体纷纷开博，且得到了全国网民的热切关注。其中，《人民日报》、人民网的微博关注人次分别高达4 900万、3 600万以上。因此，官方媒体

---

① 复旦大学国际公共关系研究中心，华东政法大学法制新闻研究中心，新浪微博数据中心.
2015年上半年中国校园微博发展报告[R]. 北京：2015年全国青少年新媒体论坛，2015-08-19.

应当加强行业自律，本着对社会负责、对人民负责的态度，利用大学生最喜爱的公共社交平台建立官方微博、微信公众号，加强网络空间的思想政治工作，尽量减少网上的负面言论，发出好声音、宣传正能量，引领社会主义新风尚。

官方媒体在日常工作中既要体现出自身的媒体品格，又要适应自媒体平台的传播规律，更要承担起传播主流价值观的责任，用社会主义核心价值观和人类优秀文明成果提升大学生的网络道德境界和对网络信息的甄别能力。此外，还应当把握网络舆论引爆点的规律，在舆论出现混乱时主动出击，抓住有效的微博舆论引导接入点，对社会热点或道德两难事件进行理性、客观的评价。"要深入开展网上舆论斗争，严密防范和抑制网上攻击渗透行为，组织力量对错误思想观点进行批驳"①，充分利用自身的媒体影响力来引导、监督社会舆论走势，培育积极健康、向上向善的网络文化，不断增强官方主流媒体在网络传播中的影响力、公信力，从而修复网络生态，做到正能量充沛、主旋律高昂，为当代大学生的健康成长营造一个风清气正的网络空间。

3. 呼吁传统媒体，构建社会宣传工程

互联网是继广播、报纸、电视之后产生的第四大媒体，而共同构建网络素养的社会宣传工程不可忽视传统媒体的辅助作用，应当大力推进传统媒体与网络媒体融合发展，开展社会宣传活动，构建符合我国国情的大学生网络素养教育社会工程。利用广播、电视呼吁广大网民聚焦网络素养问题，积极参与政府和社会组织发起的网络素养活动；在大学生所喜爱的电视、电影作品中加入网络素养教育的元素，刺激他们反思自身的网络素养的情况，进而加强其网络行为自律；公交、地铁等公共场合投放网络素养教育相关的公益宣传片，尤其需要扩大大学生活动区域的教育覆盖范围等，尽快使传统媒体和网络媒体在开展大学生网络素养教育中，"要尽快从相'加'阶段迈向相'融'阶段，从'你是你、我是我'变成'你中有我、我中有你'，

---

① 中共中央文献研究室编. 习近平关于全面深化改革论述摘编 [M]. 北京：中央文献出版社，2014：83.

进而变成'你就是我、我就是你'"①。

二、强化网络素养教育实践活动

实践才是检验真理的唯一标准，理论知识的最终归宿是要通过实践进行检验的。大学生网络素养教育离不开相应的理论教育和引导，但更要基于大学生的网络生活实践，积极拓展实践活动的育人功能。这里的"实践活动"，特指大学生网络素养实践活动。思想政治教育中大学生网络素养实践活动与网络素养教育具有高度的契合性，在实践活动中培养大学生的网络素养不仅能够提升和拓展大学生网络素养的教学效果，还能丰富学生科学、高效地使用网络的实践经验。高校应尽量满足学生的网络素养教育参与热情，重视人的主观能动性，让他们在网络参与实践中提高网络甄别意识，着力创造温馨和谐的网络环境。

（一）实践活动的作用

大学生网络素养实践活动作为大学生网络素养教育的对策之一，对于丰富网络素养教育形式、践行网络素养教育内容、检验网络素养教育效果具有重要意义。依托高校思想政治理论课特殊的服务对象、师资队伍、育人使命、社会价值所进行的大学生网络素养实践活动，能进一步整合育人力量、完善资源配置、调动对象参与、保证教育方向。在思想政治教育中开展大学生网络素养实践活动，一方面帮助大学生完成知识的内化与外化，并在实践中积累经验、提升能力；另一方面激发大学生自我教育的主体意识，并在反思中促进自主学习，提升网络素养。

1. 帮助大学生完成知识的内化与外化

大学生参与网络素养实践活动的过程是理解、认同、接受理论知识，并依靠理论指导实践的过程，最终通过实践活动中实现知识内化与外化的统一。首先，网络素养实践活动帮助大学生完成知识的内化。一方面在于知识的内化。例如，大学生在做网络信息辨识、选择或创造网络协作活动、设计网络文化作品等的时候，需要运用大量的专业知识、理论基础。与此

---

① 中共中央党史和文献研究院编. 习近平关于网络强国论述摘编 [M]. 北京：中央文献出版社，2021：69.

同时，学生通过知识的回顾、再学习以及运用，进一步将这些知识纳入自己的认知体系之中。由此，通过参与网络素养实践活动，不仅锻炼了大学生的合作能力、动手能力、创新能力，更加深了对抽象知识的认知、思考与检验，从而将灌输式的文字转换为认同式的观念，真正实现知识性的内涵。另一方面在于情感态度价值观的内化。学生在进行网络信息价值辨识、讨论网络文化现象的时候，本身就是在训练对事物的价值判断和价值选择，并逐渐把这种判断方法、判断标准内化到自己的思维体系之中，把结果内化到自己的价值观念之中，实现由知识性教育向价值观教育的转变。思想政治教育中的网络素养实践活动不同于普通意义上的网络素养实践活动，更加注重对学生进行科学价值观的传播与塑造，致力于引导大学生树立中国特色社会主义共同理想，坚守马克思主义主流意识形态的指导地位，最终帮助大学生实现由单纯的知识性内化向复杂的价值观内化的过渡。其次，网络素养实践活动帮助大学生完成知识的外化，从而使大学生网络素养不断提升。这种外化即思维习惯和行为选择的养成。例如，大学生在反复训练网络信息辨识、网络协作训练的时候，逐渐养成从多个角度思考问题的思维方式、全面辩证地处理网络信息的习惯，并且较为熟悉常用的分析视角，进而快速找出网络信息中的难点、疑点。再如，大学生经过从知识到行为的转变，通过反复训练形成科学、高效的思维习惯和行为选择，在面对网络不良信息、低俗行为、恶劣环境时，自我保护与自我控制技巧才能真正发挥效用。

2. 丰富大学生网络素养的学习方式

网络素养实践活动不仅能深化大学生对网络素养理论和技术知识的认知，还能促进大学生自主学习。首先，网络素养实践活动能丰富大学生网络素养理论和技术知识，实践经验就是这种知识的来源。"人的思想认识不会自发的产生，它一方面来自书本知识，另一方面有赖于社会实践"[①]。大学生在网络素养实践活动中，能够在巩固、验证教材知识的基础上，学习到超出教材知识之外的经验知识。这种经验知识既包括显性知识，如各种操作技能、交流方法，还包括缄默知识。所谓缄默知识是指："高度个

---

① 陈万柏、张耀灿. 思想政治教育学原理 [M]. 北京：高等教育出版社，2016：257.

体化的、难以形式化的沟通的、难以与他人共享的知识。"[①] 通过网络素养实践活动的经验训练，学生对于教学内容的理解不再停留在文字、话语的肤浅层面，而是在社会生活的感知、践行、检验中深化对理论知识和技术知识的探索和掌握。这种与知识的"近距离接触"是传统的课堂教学所不能达到的，学生在网络素养实践活动中不仅要加深对旧知的理解，还要获得更为全面的新知，从而进一步丰富了大学生网络素养理论和技术知识。

其次，网络素养实践活动能促进大学生自主学习。有明确目的的网络素养实践活动能够促进学生自主学习。"以活动为载体，可以使受教者在社会实践中获得自我反思、自我评价、自我学习的机会，从而提高自我认识、自我监督、自我激励、自我控制、自我调节的能力"[②]。大学生在网络素养实践活动之中，经历对网络信息的鉴别、比较、判断、取舍，经历个人角色向社会角色的转换，进而不断反思、改进、完善。大学生在反思的过程中进一步意识到自己在网络信息辨识中的疏忽，在网络使用中注意力的分散，在技术操作中的不足等问题，于是有意识地、有目标地自主提升自己的注意力控制、信息辨识、操作技术等能力。网络作为大学生群体热爱的重要平台，使得大学生对这一平台拥有更多的耐心与兴趣，大学生乐于在这一平台的参与过程中自觉调适自身的行为、弥补自身的短板。基于此，大学生对于在网络素养实践活动中所暴露出的种种缺陷，能够以更积极的主人翁的态度进行自主学习，这样的学习不再是被动地接受他人的灌输与说教，而是自我审视之后的自我改造与重塑。

（二）实践活动的要求

思想政治教育中开展大学生网络素养实践活动有以下要求：一"实"，两"全"，三"恒"。"实"是指大学生网络素养实践活动的内容和形式应符合学生实际情况的需求；"全"是指大学生网络素养实践活动应坚持全过程、全方位的指导；"恒"是指大学生网络素养实践活动的时间长度有持续性，开展周期有规律性，活动的目的和方向有恒定性。

---

① 方明. 缄默知识论 [M]. 合肥：安徽教育出版社，2004：14.
② 陈万柏、张耀灿. 思想政治教育学原理 [M]. 北京：高等教育出版社，2016：259.

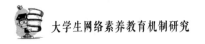

1. 一"实"：联系实际

思想政治教育中开展大学生网络素养实践活动的内容和形式要符合大学生实际。第一，活动开展的内容实际是指实践活动的主题选材是基于学生兴趣、理解范围，但是其思想价值观念的引导又需要高度抽象，高于学生实际情况，从而引导学生在实践活动中不断提升知识、思想、道德水平。第二，活动开展的形式实际是指实践活动方式、范围符合学校和学生的实际。对于学校来说，活动形式应符合学校、学院的实际情况。实践活动既要统一，又要具备学院特色。活动规模符合学校、学院所允许开展活动的规定要求、场所大小、资金数额的实际情况，活动形式符合学校管理制度的实际规定，不以活动规模论活动效果。对于学生来说，活动形式应符合学生学习的实际情况。网络素养实践活动是激发学生学习兴趣，引导学生自我教育，补充知识理论学习的渠道。因此，活动内容应与学生的专业课学习和通识课学习形成配合之势，避免相互冲突。活动时间应考虑到学生考英语四级和六级、期末考试、考研等重要考试的规划，避免与这些重要考试产生冲突，让学生有心无力、应接不暇，损害学生学习的积极性，助长学生学习的功利心。

2. 两"全"：全程与全方位

思想政治教育中开展大学生网络素养实践活动的过程应坚持全过程、全方位的指导。第一，全程指导是指从活动的开始到活动的结束都有指导教师。在活动开始之前，老师应启发引导学生思考，进行深入的探索和研究，保证活动的质量。并且，老师需要对活动表达的价值观念把关，要求内容符合社会主义核心价值观，展现大学生生活、学习、工作积极向上的一面。在活动结束之后，教师要带领大学生总结活动经验与教训，启发、引导大学生进行自我教育、自我批评、自我总结。第二，全方位指导是指学生在现实环境和网络空间中都有指导老师。在网络的虚拟空间和生活的现实空间中有指导老师及时引导学生、启发学生，有所侧重地对学生的网络实践活动进行全方位监督和引导，促使学生网上、网下行为形成良性互动。尤其注意的是，在网络空间中的指导老师一方面要注重观测全局，及时对表现较好的同学做出表扬，并提醒参与状态不佳的同学，为其答疑解惑。另一方面要记录每一位学生在每一届活动中表现出的思想特点、选材特点以及网络素养水平等。在网络空间外的老师，则需要引导学生的选题倾向，鼓励学生进行团队合作等。指导老师要全方位地协助学生，能够保证思想政治教育中大学生网络素养实践活动的有效性和针对性。

3. 三"恒"：恒久、恒定、恒新

思想政治教育中开展大学生网络素养实践活动注重恒久、恒定、恒新。"恒久"，是指网络素养实践活动要主动融入大学生日常生活中。大学生网络素养实践活动不能仅仅在活动开展阶段注重网络素养的宣传与教育，学生不能被动地应老师的要求敷衍参加网络素养实践活动，而是需要学生、教师、学校真正重视网络素养对于大学生成长、教师发展、高校建设的重要意义，主动将在网络素养实践活动中所学的知识运用到大学生日常生活之中。"恒定"，一方面是指网络素养实践活动具有固定的开展时间。固定的时间周期能够让学生形成思维习惯，并将其纳入学生学习的规划之中，引起学生的高度重视，提升网络素养实践活动的参与度。另一方面也指网络素养实践活动具有恒定的现实目标。即培养大学生的网络信息认知能力和"中国好网民"的责任感和使命感以及高效的网络参与能力。"恒新"，是指网络素养实践活动的主体总是紧紧跟随时代的发展变化、社会热点问题而变化的。促使学生在网络信息辨识、网络活动参与中去分辨、反思、讨论社会问题，不断加深对主流价值观念的理解和认同。同时，针对这些社会问题的讨论也会不断刺激学生的社会责任感，引导学生承担更多的社会责任，从而警示大学生注重网络道德，启发大学生创造新型的、健康的、不断完善的网络秩序。

（三）实践活动的形式

思想政治教育中网络素养实践活动的形式多种多样，包括理论竞赛、文艺作品展示、志愿者宣讲活动、选树校园好网民活动等，即通过知识的深度学习、知识的艺术表达、知识的理论传播、榜样示范活动四个形式具体开展大学生网络素养实践活动。

1. 理论竞赛活动

首先，理论竞赛有助于提升大学生网络素养理论高度。选手在备赛和竞赛的过程中，会对网络素养知识展开理性的思考和研究，比赛过程中思想和观点的交锋，其实质是思维能力、思考方式、逻辑表达的切磋，理论竞赛的准备与参与阶段均是对大学生理论功底深度、临场发挥能力的直观考验，理论越充分越能说服人，理论竞赛无疑是对大学生网络素养理论水平的集中性训练与提升。其次，理论竞赛有助于挖掘大学生网络素养理论深度。网络素养综合多种学科，在理论交锋与辩驳的过程中，能够汇集多个学科、不同视角的观点，深化网络素养理论深度。再次，理论竞赛有助于拓展大学生网络素养理论普及度。理论竞赛不仅能够让参赛者更加熟悉网络素养理论知识，还能够对观众进行理论知识的传播与宣传，拓宽网络素养理论知识的受众对象、传播范围。最后，理论竞赛有助于加强大学生网络素养培育的吸引力。理论竞赛形式具有特有的审美性和趣味性，具有较强的现场凝聚力、感染力与参与力，使得学生的参与热情更为积极与高涨。

2. 文艺作品制作和展示活动

首先，学生将提升网络活动参与能力。在文艺制作的准备阶段，学生将重点学习有关信息收集、整理、筛选以及作品布局、组合、美化的相关技术技能，以便更加快速地在网络中找寻与文艺作品主题和内容相关的资料，每一个与网络相关的行为都是学生参与网络的活动，而复杂的准备过程无疑会锻炼学生快速参与网络的能力。在文艺作品的展示阶段，学生根据作品的风格与主题选择与之相适应的网上包装方式，将作品以恰当合理的宣传手段进行展示。展示的过程其实质就是作品的网络传播过程，学生如何有效地展示自己的文艺作品，就是对其传播能力的考查。由此可见，一个成功的文艺作品的制作与展示将直接影响学生网络参与能力。其次，学生将提升网络信息辨识能力。文艺宣传作品的制作，能让学生充分体验作为传播者的角色，他们将形成揣摩传播者意图，明确传播者目的的思考习惯。这有利于指导学生在面对海量网络信息时，保持警惕地看待不同群体、不同阶层的网络用户们所发布的信息，有意识地探究信息背后的思想观点、价值观念、舆论导向，进而帮助大学生提升网络信息辨识能力。最后，学生将提升对社会主流意识形态的认同。网络文艺作品的传播范围广、形式新、速度快，学生在进行文艺作品的制作与展示的时候，实际上也是对作品所承载的精神内容的传播。在思想政治教育中网络素养实践活动中产生的文艺宣传作品，必然寄托着思想政治教育特有的意识形态性，这一意识形态性通过文艺作品进行具象性和物质性的呈现，文艺作品就不只是娱乐性的物质，还是具备特定内涵的物质载体，文艺作品的制作与传播这两个过程都在向学生进行社会主义核心价值观的教育和宣传，在潜移默化中提升大学生对社会主义主流艺术形态的认同与践行。

3. 志愿者宣讲活动

学生志愿者进行网络素养宣传讲演活动，在加深对网络素养理解的基础上，强化了社会责任感。首先，宣讲活动有利于培养大学生加强管理自身网络行为的责任感。学生志愿者通过熟悉网络素养知识、情感、行为能力等知识，实现知识的内化，建立科学正确的网络思维习惯，以此规范自身的网络行为。其次，宣讲活动有利于培养大学生监督网络环境的责任。志愿者在宣讲活动中进行理论宣讲的锻炼，在严肃自身网络行为的同时，明确宣讲活动的目标、作用与方向，逐步从"中国好网民"价值观念的践行转变为"中国好网民"价值观念的传播者。这种身份角色的转变，能够逐步培养起他们规劝他人网络行为的意识与能力，肩负起助力塑造风清气正的网络环境的社会责任。

4. 选树校园好网民活动

开展选树校园好网民计划是教育部思想政治教育工作司提出的 2018 年工作重点，开展此活动能够发挥榜样教育的力量。首先，校园好网民具有典型示范作用。通过充分解读校园好网民的深刻内涵，大学生明确自身能够为网络社会贡献怎样的力量，发挥怎样的影响，在校园中抓典型、树榜样，学生通过榜样人物的示范进一步理解什么是真正的校园好网民。其次，校园好网民具有鼓励促进作用。通过校园好网民的宣传与教育活动，使学生认识到成为校园好网民就是在提升自身网络素养的同时，积极主动地承担网络公民的社会责任。即使是微弱小事，假以时日、日积月累都能够为网络空间贡献巨大的力量。以此明确目标，鼓励学生"不以恶小而为之，不以善小而不为"，引导学生为成为校园好网民做好力所能及之事。

三、加强网络素养教育机制建设

高校思想政治教育是高等教育事业发展的重要组成部分，运用网络提升思想政治教育质量，进而提升大学生网络素养，是促进大学生全面发展和成长成才的重要方面。为此，在遵循网络信息技术发展的客观规律和大学生的身心发展规律的基础上，加强大学生网络素养培育机制建设，做好网络产品生产与治理机制建设、网络管理服务机制建设、校园网络监管机制建设、校园网络反馈机制建设、网络联动机制建设，保障大学生网络素养教育一系列行动的贯彻落实，从而提高大学生网络素养教育的实效性。

（一）网络产品生产与治理机制建设

当前，全媒体时代网络内容治理和网络产品生产面临巨大的挑战，网络内容生产与分发的专业化、多元化、技术化、智能化带来了海量信息流，给网络内容治理带来了前所未有的困难与挑战。据 2023 年 3 月 2 日中国互联网络信息中心（CNNIC）发布的第 51 次《中国互联网络发展状况统计报告》（以下简称《报告》）显示，截至 2022 年 12 月末，我国网民规模已达 10.67 亿人，较 2021 年 12 增长了 3 549 万人，互联网普及率 75.6%。《报告》显示，在网络基础资源方面，截至 2022 年 12 月，我国域名总数达 3 440 万个，IPv6 地址数量达 67 369 个，较 2021 年 12 月增长 6.8%；我国 IPv6 活跃用户数达 7.28 亿。在信息通信业方面，截至 12 月，我国 5G 基站总数达 231 万个，占移动基站总数的 21.3%，较 2021 年 12 月提高 7 个百分点。在物联网发展方面，截至 12 月，我国移动网络的终端连接总数已达 35.28 亿户，移动物联网连接数达到 18.45 亿户，万物互联基础不断夯实。[①] 网络平台的丰富、多元、分散给内容生产者提供了广阔空间，网络内容生产与分发变得更加多元、专业和智能，带来了更加丰富、多样、生动、感性的网络信息，同时也会带来大量无效信息、重复信息甚至有害信息。一些内容生产者为了博眼球、上热搜，不择手段地标新立异、毫无底线地迎合受众，甚至制造低俗话题和虚假有害的内容，给信息把关人和管理者带来严峻挑战。比如，一些短视频平台上含有色情暴力元素、宣扬纸醉金迷生活方式的作品，经过算法推荐技术进行大量分发后，吸引百万千万粉丝，造成错误的价值导向。尽管有关部门对违规主播和视频实行禁播处理、对违规内容实行禁止转发

[①] CNNIC 发布第 51 次《中国互联网络发展状况统计报告》—首页子栏目 [EB/OL].https://www.cnnic.net.cn/n4/2023/0302/c199-10755.html.

等管理措施，但仍然禁而不止。一些网络平台在内容分发上奉行技术中心主义，给公众带来"信息茧房"、观念窄化等严重问题，也给内容治理带来技术挑战。

因此，高校要构建生产一端的网络内容规则体系。所谓的生产端网络内容主要指代的是生产者与网络平台运营者。

网络空间内容生态的维护与治理不能只从终端开始，应从生产源头把控内容质量，防止一开始就被污染。把控质量需要建立标准和规则，否则质量好坏没有依据。无论是对PGC（专业生产内容）、UGC（用户生产内容），还是对OGC（职业生产内容）、MCN（多频道网络），都需要根据这些机构的特点建立针对性强、可操作、易执行的规则和标准体系，以指引其内容生产过程。对传播环节的网络平台运营者来说，需要压实平台的企业主体责任，应针对不同的网络平台制定实用对路的规则和标准，把平台的责任具体化、数据化、实时化，切实让平台主动承担起内容治理的社会责任。要从以下几个方面加强网络产品生产，加强全媒体时代网络内容治理。

1. 物质文化铸基础

校园网物质文化要从软件硬件多方位着手，打造过硬的物质文化基础。在增强硬件设施建设的基础上，通过数字化形式的运用，充分体现校园物质文化相关理念。首先，对于硬件设施的建设，必须秉持可持续发展理念，在对校园实际充分掌握和把控的基础上，对硬件资源进行合理有效的开发利用，避免不必要的支出与资源的浪费，针对校园网络的建设，也要充分将校园的物质文化展现出来，如在校园网上更多地添加相关视频、图片等，让学生和教师在网络上也充分感受到校园的美好与发展，增强对校园的亲切感，同时让外界更多的人感受到校园文化特色。数字视频、虚拟图书馆、数字实验室等资源的开发与利用，也能更好地让现实物质文化融入校园网站，广大师生在网络上更好地展开学习交流。

2. 精神文化是灵魂

精神文化的全面建设发展，是校园网文化生态稳定良好运行发展的重要方面。在校园网站中，更多地开展诸如民主法治教育、优秀传统文化教育、红色革命文化教育等形式多样的精神文明教育；开展如百科常识、名著导读等知识普及教育课程和实践活动，强化学生的知识广度与深度；多开展网上活动，给予学生充分的展示空间，在一定的引导之下，大胆放手，让学生在这种自由的学习空间中展示不同的个性；同时可以将部分管理权限交到学生的手里，学生在学习钻研的过程中，维护网络空间的发展建设，提高学生的信息技术水平，更为重要的是让学生拥有主人翁意识，增强学生的责任感与集体意识，文化水平和思想素质在这一过程中实现重要发展与提升。在学生和老师之间，搭建一个顺畅交流的平台，为教师专业化发展提供条件，调动广大教师的工作学习积极性，构建和谐的网络环境氛围。

3．制度文化做保障

完善的校园网制度文化是校园文化发展过程中必不可少的，实现各种文化合力作用的全面发挥。对此，可以通过各种手段加强校园网络制度文化的建设。建立相关可行教学制度、教务管理系统、测评制度等。建设完善人事保障制度，积极展示教师各项风采的同时，加强教师队伍的管理，促进教师队伍的成长，展示强大师资队伍。加强政务制度公开与联系，各部门在相互监督、相互学习中共同成长、共同进步，发现问题并且更好地解决问题。针对作为教学主体的学生，建立和完善系统的学生管理制度，如心理辅导、明确的奖罚制度等，发挥校园网络的信息传播优势，将校园网上的制度更好地传播给学生，学生一方面通过校园网学习感受校园物质精神文化，另一方面在潜移默化中接受制度教育，在激励学生的同时，以此更好地规范引导学生，让学生更好地遵守各项规章制度，在学习和生活中养成良好的习惯。

（二）网络管理服务机制建设

目前，网络管理服务机制建设主要聚焦在以下几个方面。一是坚持技术与法治并重，对网络内容治理与监管的相关法律规定进行系统梳理，制定科学有效的制度规范和技术流程，并对法律法规中滞后于网络发展的内容进行修改、完善和补充，为网络内容治理提供科学化、系统化、规范化、标准化制度设计，以此来确保网络管理能够按照一定的标准来执行。二是需要构建网络治理的管理和协作机制，从管理体系、运行机制、保障机制、追责机制、技术支撑等方面，建立一套系统完善的网络内容治理指令执行体系，确保政府能够发挥其重要的引导作用，确保网络内容建设工作能够顺利运转。三是诉诸技术手段，实现科学监管、技术治理，保持技术敏感性，跟进新技术发展，转变监管方式，将机器学习与人工审核相结合，由主管部门牵头制定网络内容"红线"标准，确立网络内容治理的基调和价值主张，通过人工智能等技术手段对"信源"实现智能识别与筛选、抓取采集、过滤清理，一旦有新的"红线"信息被识别标记，将其关键词纳入后台"负面语料库"，实现全网共享、交叉识别与自动处理，从而达到简化行政流程、提高治理效率的效果。这几个机制为我国高校加强网络管理服务机制建设提供了基本遵循。

第一，要与时俱进做好"依法立法"工作。所谓依法立法，是指高校在制定校园网相关规章制度的时候，必须依照法律法规的要求，让自身校园网规章制度有理可循。根据目前的情况来看，有一部分高校在校园网规章制度中较少提及相关上位法律法规。对此，在国家相关部门还未正式出台校园网建设相关法律法规的条件下，各高校要良好稳定地做好校园网络的建设与维持运行，可在章程制定过程中，依据《中华人民共和国高等教育法》相关规定，设立明确章程，送报教育行政部门进行备案登记，使其具有相应的法律效力，在章程指导下，展开校园网络的管理；同时，划定明确的校园网络管理职能，并将其赋予学校各管理部门中，明确权责，通过各部门的相关职能与权力，分层次、有目的地对校园网络进行多方管理，依据这些部门的相关上位法律法规对校园网络规章制度进行发展完善。

第二，要将提升技术与发挥人的作用相结合。信息中心要增强自身的技术力量，使用者要培养良好的上网习惯，必须着力提高使用者的素质，使得使用者保持线上线下一个样，网络是良好信息的传播者与分享者，不能成为违法犯罪活动的滋生之所。为此，高校在提升网络信息技术的同时，也要增强对大学生网络素养的培育与提升，并且完善相关规章制度，强化学校的管理约束能力，统一规划，逐层深入，加强和整合学校各部门之间的相互配合和合力，让每一个学校工作者都能成为校园网络使用的监督者。与此同时，辅导员作为与学生联系最为紧密的群体，要着力加强其网络管理职责，加强其网络技能培训。让辅导员在线上线下都能充分有效地关心学生、帮助学生、管理学生，对于出现的相关问题，及时预测并且积极解决。

第三，要建立"引导—自觉"模式。主动参与、深刻自律，积极实践、引导为辅。在这个过程中，学生会作为学生自发组织管理，学校支持发展的学生组织，可充分利用其作用加强校园网的管理。同时也可以支持建立专门的学生网络监督组织，对校园网的环境和使用情况进行相关的监督，净化校园网使用环境。对于校园网的管理者，"主动作为"与"监控为辅"的密切配合必不可少，高校校园网管理者在校园网的建设管理过程中，要加强阵地意识，建立阵地，应对阵地危机，充分地将网络信息技术运用于思想政治教育的过程中去，积极引导正确的网络舆情导向，创建和维持积极向上、健康有序的校园网络文化氛围，在良好氛围的支撑下，增强校园凝聚力和向心力，同时在此基础上，让广大师生在便利网络条件的支持下，增强政治意识，提高政治的鉴别力，形成自觉抵制网络错误思想的能力。

（三）校园网络监管机制建设

校园网络监管机制是高校网络意识形态安全和构建健康舆论舆情的重要保障。良好的网络监管机制，能够为大学生学习科研和健康成长成才提供有力支持。为此，要着重构建三个层面的网络监管：一是意识形态安全的网络监管运行机制。运用网络技术对校园网络区域内的言论、活动进行监控，对网络传播的错误思想、极端言论、敌对思想等进行及时了解和把控，根据思想与传播面的性质严重程度，分别设置不同层级信息预警，建立"搜集—分析—上报—处置"的网络意识形态监管工作机制，从而保障网络意识形态安全；二是校园管理服务的监控。校园治理是社会治理的有机构成部分，是保障师生教育教学有序开展的重要保障。高校师生的需求是多样的，包括校园在线资源、思想文化、休闲娱乐、优质服务等，在高校供给不足和服务质量不高时，学生的正当诉求往往在网络空间中呈现出来。对此，需要建立面向校园管理服务质量的反馈机制；三是学生网络活动与言论的监控。第一，完善网络社团监控机制。在登记备案与广泛调研的基础上，高校要对这些社团进行备案登记，适当管理。同时对于大学生网络社团内部，各项管理制度的完善与加强不容忽视，社团管理者要重视对社团成员的实名身份登记认证。除此之外，按照 IP 地址管理方式来进行管理，利用数据库和逐级责任制来确保管理安全。第二，加强对网络不健康言论监控，及时做好正面舆论引导。大学生网络日常管理人员要时刻关注社团发展动态变化情况，如果出现不健康的信息，那么就要及时进行处理，同时对问题出现的原因进行深入调查，避免同样错误的再次出现。以此来强化对这些问题群体进行正确的引导和教育，确保大学生网络活动能够顺利开展，从而保障大学生网络社团充满正能量。

（四）校园网络反馈机制建设

校园网络反馈机制是对大学生网络素养的反馈，是对大学生线上线下的教育教学、管理服务、发展需求等方面诉求和需求信息的搜集和处置机制。当前，95后、00后的"网络原住民"，他们热衷网络交往和网络生活，对校园的各类问题倾向于网络空间的表达和呈现。为此，需要建立"问题—分析—处置"两个层面的网络信息反馈机制：一是校园网络意识形态安全反馈信息机制。及时对监控发现的信息，与相关部门相互沟通，第一时间对问题的相关人员确认和调研、分析，及时制定出改进措施，把问题消除在萌芽状态和前端进行；二是建立高校网络反馈预警机制。构建校内"发现问题—预警标识—部门协同—负责落实"的反馈预警模式，为了准确、及时地掌握和应对各类校园突发事件，防范不良的苗头和突发舆论快速扩散和演化，造成恐慌和失序，需要建立校园安全预警机制，对特殊学生个体、聚焦事件、持续未能解决的问题等进行重点预警和及时反馈，确保校园网络空间安全和良好舆论氛围。三是建立高校网络反馈处置机制。这些机制包括高校舆情的组织领导机制、干预引导机制、教育引导机制、队伍保障机制、信息收集机制和数据分析机制等，能够运用网络及时了解和把握学生的思想需求和网络的行为态势，实现校园网络信息的及时反馈和有序保障。

（五）网络联动机制建设

习近平总书记明确表示，新时期的中国需要更加重视思想政治工作，把此工作贯穿到教育活动的整个过程中，培养符合社会要求的综合型人才。同时还强调，在进行思想政治教育的过程中需要明确学生的主体地位，围绕学生的需求来具体实施，把思政课和其他课程巧妙地联系起来，形成良好的协调效果。高等院校的思想政治教育工作人员需要肩负起立德树人的根本任务，努力构建一种交流便捷、反馈及时的网络联动机制，切实提升

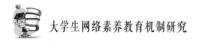

大学生网络素养。

1. 线上线下联动机制建设

互联网的合作性、交互性、平等性为线上线下联动协同育人提供了便利与契机。应融合育才造士之力，构建"协同参与"的网络育人机制，树立"大思政"理念，联合打造网络育人"共同体"，在协力参与中统筹资源，在跨界交互中融合创新，在百花齐放中汇聚正能量。融通合作共赢之道，打造"协调共振"的网络育人平台，借鉴企业协同办公平台的思维模式，打造齐抓共管、分工协作的平台，促使各育人主体目标一致、信息共享、协调共振。融入平等交互之境，形成"协商对话"的网络话语体系，教育者应"升级"自身素质、转变话语体系，巧妙借力直播、慕课等新媒体技术，主动参与到师生平等交流、协商对话、及时互动的育人体系中，以润物无声、春风化雨的方式，潜移默化地实现立德树人，促进教学相长。落实到具体工作中，主要体现在以下几个方面。

第一，要构建校园线上线下协同的育人机制。网络是信息流动的管道，是人们社会交往、学习研究、教育教学和信息生产等活动的公共平台。在网络信息时代，高校实现立德树人的根本任务，不能局限于传统的"一本书、一支粉笔、一堂课"的陈旧教育模式，课堂教学已经成为以课堂为核心的开放式信息交互平台，教师知识垄断和先验权威在知识普及和信息交流中日益式微，转化为新思想、新机制塑造引领者和辅助者。正是从这个层面意义上，高校思想政治教育的网络育人需要构建线上线下协同的育人机制。

第二，要大力创新校园线上线下协同的育人机制。一是课堂教学与网络学习资源的协同，根据课程学习进展，大力实施在线网络课程教育，以嵌入式方法提升思想理论学习成效，提升学生的学习兴趣和活力；二是育人方式的线上线下协同。充分发挥网络技术优势，创设微信、微博、QQ群等，第一时间了解学生需求和思想动态，及时做出线下的问题处置和教育引导。三是通过大学生社团活动与网络文化工作室联盟，形成网络育人协同格局。通过整合校园各类线下活动与创建微信公众号、微博、直播等新媒体平台相结合，成立大学生网络文化工作室联盟，不断完善思政工作模式，积极进行创新，设置良好的评估和考核制度，加强新媒体平台互联互通，形成网络文化强势及团队育人优势，扩大网络阵地的育人覆盖面。在网络文化产品创作的方向上，充分激发学生参与热情，激活学生联盟达成高度共识，实施社会主义核心价值观的教育引导。在机制保障上，联盟为学生团队给予物质、资金、平台等各项支持；在队伍建设过程中，重点是对人才的培养，提高整体的知识和技能水平；从技术角度来分析，可以高效合理地利用新媒体平台来分析师生的特点和偏好，在此基础之上来推送一学期与兴趣爱好相匹配的精选文章，为其文化创作增加养分。

2. 校园网与社会网络联动机制建设

应对"互联网+"的新形势，应结合广大师生的实际需求，加强校园网与社会网络联动机制建设，用好信息技术，嵌入网络生活微空间，充分发挥信息技术的作用，立足师生学习工作生活的需求，构建校园网"一站式"服务模式，提供"个性化"服务产品，建立师生课内与课外、校内和校外立体化、跨时空、零距离的网络育人空间，将网络育人嵌入师生的方方面面。要挖掘社会网络文化资源，开拓浸润提升新渠道，通过深入挖掘中华优秀传统文化、学校历史、感人故事、文化艺术活动等传统思想教育资源的内涵，利用信息技术将其转换开发为微电影、卡通动漫、视频等网络文化产品，丰富师生网络精神家园。要优化活动载体，构筑网上网下同心圆，充分利用手机App、VR、微信公众号等新技术开展丰富多彩的网络文化活动，使师生在线上线下的参与和互动体验中，潜移默化地受到教育、提高觉悟、锻造品质，从而更好地凝聚师生共识，汇聚力量。

校园网与社会网络联动协同，是一个调动校内校外各类教育资源开展全面育人的新机制和新范式，需要高校充分利用校外各类资源激活、丰富和提升大学生学习热情、能力发展和综合素养。

一是高校网与纵向校外网络资源的联动。在重大主题教育活动、社会热点问题等方面，要充分发挥高校系统、校园网与上下级管理部门的网络协同优势，如中国大学生在线经常推出全国性网络文化活动，如"中国梦主题""大学生十大人物评选""中国网络好公民公益广告"、经典诵读、诗歌比赛、网络公益视频评比等活动，每年都会开展各类主题教育方式，打造百万以上的网络正能量精品产品，弘扬社会主义核心价值观念，以此来激发大学生的主观能动性，以此来提升大学生网络素养培育的质量和效率。

　　二是校园网与线下社会公益组织、相关政府部门、社区服务等建立协同实践机制，以公益、竞赛等方式激发网络育人活力。高校是社会有机体的重要组成部分，思想政治教育不仅需要课堂内的知识理论学习，更需要包括网络活动在内的社会实践，通过参加社会实践，如参加边远山区支教、慰问社区老人、街头义工等活动，通过图片、视频、音频等方式，以新媒体展现当代大学生的积极风采，激发大学生的斗志，敢于去拼搏和实践，服务人民群众，树立正确的人生理想。

参 考 文 献

[1] [英]约翰·穆勒. 功利主义[M]. 徐大建，译. 北京：商务印书馆，2019.

[2] [英]霍布斯. 利维坦[M]. 北京：商务印书馆，1961.

[3] [英]杰里米·边沁. 道德与立法原理导论[M]. 时殷弘，译. 北京：商务印书馆，2000.

[4] [美]约翰·罗尔斯. 正义论[M]. 何怀宏，等译. 北京：中国社会科学出版社，1988.

[5] [美]威·安·斯旺伯格. 普利策传[M]. 陆志宝，等译. 北京：新华出版社，1989.

[6] [美]汤姆·L·彼彻姆. 哲学的伦理学——道德哲学引论[M]. 雷克勤，等译. 北京：中国社会科学出版社，1990.

[7] [美]卡扎米亚斯. 教育的传统与变革[M]. 福建师范大学教育系等合译. 北京：文化教育出版社，1981.

[8] 吴焕荣，周湘斌. 思想政治工作心理学[M]. 北京：航空工业出版社，1993.

[9] 张琼，马尽举. 道德接受论[M]. 北京：中国社会科学出版社，1995.

[10] 石云霞. 当代中国价值观论纲[M]. 武汉：武汉大学出版社，1996.

[11] 教育部社会科学研究与思想政治工作司组编. 思想政治教育学原理[M]. 北京：高等教育出版社，1999.

[12] 严耕，陆俊，孙伟平. 网络伦理[M]. 北京：北京出版社，2000.

[13] [美]金伯利·扬. 网虫综合征——网瘾的症状与康复策略[M]. 毛英明，译. 上海：上海译文出版社，2000.

[14] 谢海光. 互联网与思想政治工作概论[M]. 上海：复旦大学出版社，2000.

[15] 教育部关于加强高等学校思想政治教育进网络工作的若干意见[J]. 教育部政报，2000（11）.

[16] 唐凯麟. 伦理学[M]. 北京：高等教育出版社，2001.

[17] 华莱士，谢影，苟建新. 互联网心理学[M]. 北京：中国轻工业出版社，2001.

[18] 李伦. 鼠标下的德性[M]. 南昌：江西人民出版社，2002.

[19] JENNIFER M.BRINKERHOFF. Government--nonprofit Partnership: A Defining Framework [J]. Public Administrationand Development，2002（1）.

[20] 陈海春，罗敏. 信息时代与大学生发展[J]. 教育研究，2002（2）.

[21] 魏建新. 网络时代高校思想政治工作的挑战、机遇和对策[J]. 湖北社会科学，2002（5）.

[22] 吴旭坦. 论社会主义初级阶段人的全面发展[D]. 湖南师范大学博士论文，2003.

[23] [德]康德. 实践理性批判[M]. 邓晓芒，译. 北京：人民出版社，2003.

[24] [德]康德. 实践理性批判[M]. 邓晓芒，译. 北京：人民出版社，2003.

[25] 金炳华. 马克思主义哲学大辞典[M]. 上海：上海辞书出版社，2003.

[26] 杜时忠. 德育十论[M]. 哈尔滨：黑龙江教育出版社，2003.

[27] 王双桥. 人学概论[M]. 长沙：湖南大学出版社，2004.

[28] 周庆山. 传播学概论[M]. 北京：北京大学出版社，2004.

[29] 谢新洲. 网络传播理论与实践[M]. 北京：北京大学出版社，2004.

[30] 王岑编. 网络社会：现实的虚拟与重塑[M]. 长春：吉林人民出版社，2004.

[31] [美]尼尔·波滋曼. 娱乐至死[M]. 章艳，译. 桂林：广西师范大学出版社，2004.

[32] 方明. 缄默知识论[M]. 合肥：安徽教育出版社，2004.

[33] [德]康德. 道德形而上学原理[M]. 苗力田，译. 上海：上海人民出版社，2005.

[34] 陈成文. 社会学[M]. 长沙：湖南师范大学出版社，2005.

[35] 钟明华，李萍，等. 马克思主义人学视域中的现代人生问题[M]. 北京：人民出版社，2006.

[36] 蔡丽华. 网络德育研究[D]. 长春：吉林大学，2006.

[37] 陈成文. 思想政治教育学[M]. 长沙：湖南师范大学出版社，2007.

[38] 张晓静. 跨文化传播中媒介刻板印象分析[J]. 当代传播，2007（02）.

[39] [美]塞缪尔·P. 亨廷顿. 变化社会中的政治秩序[M]. 王冠华，刘为，译. 上海：上海人民出版社，2015.

[40] 肖飞，徐慧萍. 媒体功能泛娱乐化与社会责任反思[J]. 新闻界，2008（02）.

[41] 李行健. 现代汉语规范词典[M]. 北京：外语教学研究出版社，2010.

[42] 陆晔. 媒介素养：理念，认知，参与[M]. 北京：经济科学出版社，2010.

[43] 张霞. 当代中国价值观[M]. 武汉：武汉大学出版社，2010.

[44] 东鸟. 中国输不起的网络战争[M]. 长沙：湖南人民出版社，2010.

[45] 罗晰. 大学生网络问题浅析[J]. 高职论丛，2010（01）.

[46] 万峰. 网络文化的内涵和特征分析[J]. 教育学术月刊，2010（004）.

[47] 张忠. 哲学修养[M]. 长沙：湖南大学出版社，2011.

[48] 唐曙南. 大学生信息素养研究[M]. 安徽大学出版社，2011.

[49] 邵培仁，陈龙. 新闻传播学新视野：媒介文化通论[M]. 南京：江苏教育出版社，2011.

[50] 常正霞. 大学生信息素养现状分析[J]. 调研报告. 2011（08）.

[51] 张涛甫. 微博时代的新读写[J]. 党政干部参考，2011（2）.

[52] 杨保军. 认清假新闻的真面目[J]. 新闻记者，2011（02）.

[53] 王泽应. 伦理学[M]. 北京：北京师范大学出版社，2012.

[54] 杨维东. "90后"大学生网络媒介素养现状及提升对策研究[D]. 重庆：西南大学，2012.

[55] 陈力丹. 关于舆论的基本理念[J]. 新闻大学，2012.

[56] 吴艳. 当代大学生网络道德问题及其解决路径分析[D]. 西北大学，2012.

[57] 刘馨瑜. 领导干部权力观教育研究[D]. 湖南师范大学，2012.

[58] 宋元林. 网络思想政治教育[M]. 北京：人民出版社，2012.

[59] 张慧敏. 国外全民网络安全意识教育综述[J]. 信息系统工程，2012

（1）．

[60] 邓验，曾长秋. 青少年网络成瘾研究综述[J]. 湖南师范大学（社会科学学报），2012（2）.

[61] 王天民. 大学生思想政治教育创新研究[M]. 北京：北京师范大学出版社，2013.

[62] [美]霍华德·莱茵戈德. 网络素养：数字公民、集体智慧和联网的力量[M]. 张子凌，译. 电子工业出版社，2013.

[63] 王伟光. 反观主观唯心主义[M]. 北京：人民出版社，2014.

[64] 王爱玲. 中国网络媒介的主流意识形态建设研究[M]. 北京：人民出版社，2014.

[65] 宋希仁. 论马克思恩格斯的自律他律思想[J]. 马克思主义与现实，2014（2）.

[66] 复旦大学国际公共关系研究中心，华东政法大学法制新闻研究中心，新浪微博数据中心. 2015 年上半年中国校园微博发展报告[R]. 北京：2015 年全国青少年新媒体论坛，2015-08-19.

[67] 汤天波，吴晓隽，共享经济："互联网+"下的颠覆性经济模式[J]. 科学发展，2015（12）.

[68] 陈万柏，张耀灿. 思想政治教育学原理[M]. 北京：高等教育出版社，2016.